工业机器人操作与编程

王　珹　王东成　主　编

北京工业大学出版社

图书在版编目（CIP）数据

工业机器人操作与编程 / 王瑛，王东成主编 . — 北京 ：北京工业大学出版社，2019.11（2021.5 重印）

ISBN 978-7-5639-7208-1

Ⅰ．①工… Ⅱ．①王… ②王… Ⅲ．①工业机器人－操作－教材②工业机器人－程序设计－教材 Ⅳ.
① TP242.2

中国版本图书馆 CIP 数据核字（2019）第 262253 号

工业机器人操作与编程

主　　编：王　瑛　王东成
责任编辑：吴秋明
封面设计：点墨轩阁
出版发行：北京工业大学出版社

（北京市朝阳区平乐园 100 号　邮编：100124）

010-67391722（传真）　 bgdcbs@sina.com

经销单位：全国各地新华书店
承印单位：三河市明华印务有限公司
开　　本：710 毫米 ×1000 毫米　1/16
印　　张：13.5
字　　数：270 千字
版　　次：2019 年 11 月第 1 版
印　　次：2021 年 5 月第 2 次印刷
标准书号：ISBN 978-7-5639-7208-1
定　　价：58.00 元

前　言

随着科学技术的发展与劳动力成本的逐年上升，过去依靠廉价劳动力的制造业生产模式逐渐出现短板。在这一时代背景下，企业实施"机器换人"就成了当下中国社会的热点话题，也是政府推动各行业转型升级的着力点所在。机器人与智能装备产业是高度集成微电子、通信、计算机、人工智能、控制和图像处理等学科最新科研和产业成果的前沿高新技术产业，是未来以智慧工厂为发展核心的产业立足点。机器人技术是一种以自动化技术和计算机技术为主体、有机融合各种现代信息技术的系统集成和应用。经过半个多世纪的发展，机器人技术在工业生产领域得到了广泛的应用，极大地提升了生产品质并成功解放了劳动力资源。

工业机器人是集机械、电子、控制、计算机、传感器、人工智能等多学科高新技术于一体的机电一体化数字化装备，具有长期工作可靠性高和稳定性好的特点，并且能够替代人承担许多工作任务。它既可以提高产品的质量与产量，保障人身安全，改善劳动环境，减轻劳动强度，提高劳动生产率，节约原材料消耗以及降低生产成本，又可以在各行各业中应用，改变人类的生产方式，提高人们的生活质量。因此，本专业人才就业市场前景非常广阔。目前，很多大专院校为了满足市场急需开设了机电一体化工业机器人方向的专业学科，但是缺乏与工业实践接轨的培训教材。

为了弥补工业机器人应用设计书籍不足的缺憾，提高广大学生学习工业机器人知识的兴趣和应用工业机器人的能力，我们编写了本书。

鉴于市面上的工业机器人种类繁多、用途各异，编者尽可能从应用需求角度出发，详细讲述机器人的操作要点和编程知识，让学生能在最短的时间内掌握机器人的核心知识。

由于时间仓促，加上编者水平有限，书中有不足之处在所难免，望各位读者、专家不吝赐教。

目 录

第一篇　六轴工业机器人的操作与编程

1

第二篇　四轴工业机器人的操作与编程

第一篇

六轴工业机器人的操作与编程

第一章　广数工业机器人简介

第一节　GSK 系列工业机器人介绍

一、GSK RB08 搬运机器人

图 1-1 为 GSK RB08 搬运机器人。

图 1-1　GSK RB08 搬运机器人

1. 应用领域

GSK RB08 搬运机器人广泛应用于物流搬运、机床上下料、冲压自动化、

装配、打磨、抛光等。

2. 技术参数

GSK RB08 搬运机器人的技术参数见表1-1。

表1-1　技术参数表

型号		RB08
自由度		6
驱动方式		交流伺服驱动
有效负载（kg）		8
重复定位精度（mm）		±0.05
运动范围（°）	J1	±170
	J2	+120～−85
	J3	+75～−155
	J4	±180
	J5	±135
	J6	±360
最大速度（°/s）	J1	130
	J2	130
	J3	130
	J4	420
	J5	252
	J6	620
允许最大扭矩（N·m）	J4	14
	J5	12
	J6	7
运动半径（mm）		1389
本体重量（kg）		180

二、GSK RH06 焊接机器人

图 1-2 为 GSK RH06 焊接机器人。

图 1-2　GSK RH06 焊接机器人

1. 图文介绍

GSK 系列焊接机器人，可与 MEGMEET、GSK、EWM、LORCH、KEMPPI、ESAB 焊机实现 DeviceNet 总线数字通信，与 LINCOLN、OTC、Panasonic 焊机实现 I/O 模拟通信，也可根据客户要求使用目前的焊机改造。

2. 应用领域

GSK RH06 焊接机器人广泛应用于汽车及配件、摩托车及配件、农业机械、工程机械等五金焊接领域。

三、GSK RMD08 码垛机器人

图 1-3 为 GSK RMD08 码垛机器人。

图 1-3　GSK RMD08 码垛机器人

1. 产品简介

广州数控设备有限公司（简称"广数"）"勤快的"中国机器人家族新成员——GSK RMD08 码垛机器人：由广州数控自主研发，采用了 4 轴设计，具有结构简单、故障率低、占地面积小等优点，与摆臂机械手成本相当，但与六轴多关节工业机器人相比成本大大降低。

2. 产品特点

①运动速度快：冲压节拍可高达 14 次/分。

②运动范围大：相较运动范围在 500mm 以内的传统摆臂机器人，GSK RMD08 的最大工作半径可达 1410mm，可轻松应用于冲床中心距 2.5m 的冲压场合。

③性能稳定、寿命长：一、二、三轴采用 RV 减速器，比起摆臂机械手用的谐波减速器，寿命和耐冲击性可大一倍、稳定性、送料精度更高。

④通用性能佳：a. 对设备吨位、冲床高低无要求，可多台连线。客户产线自动化升级，无须更换机床设备，节省投资 50%～60%；b. 相对于摆臂型机械手，竖直高度的运动范围更大，冲压上下料、码垛、搬运都可。

GSK RMD08 码垛机器人与摆臂机械手的性能比较见表 1-2。

表 1-2　GSK RMD08 码垛机器人与摆臂机械手的性能比较

项目	摆臂机械手	GSK RMD08 码垛机器人
通用性	上下运动范围低，一般在 500mm 以内	运动范围大，动作灵活，冲压上下料、拆垛、码垛、搬运都可
防护性	1 台谐波，丝杆、滑轨等结构难防护，易进尘进水，降低性能稳定性，减少寿命	3 台 RV 减速机，1 台谐波减速器结构，易密封，防护性好，无须频繁注油润滑，维护成本低
冲压节拍	≈ 10（次/分）	≈ 14（次/分）
刚性	易抖动	刚性好，不抖动
运动轨迹	末端点到点	直线、圆弧、曲线

3. 应用领域

①可轻松完成冲压上下料、拆垛、码垛、搬运等任务；

②为用户提供快速、安全、灵活、精准、定位等全套作业解决方案。

四、GSK RSP600 水平机器人

图 1-4 为 GSK RSP600 水平机器人。

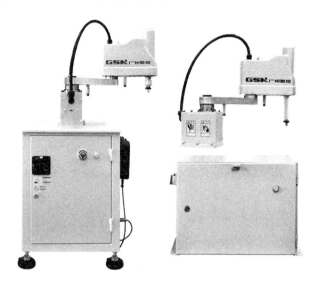

图1-4　GSK RSP600 水平机器人

1. 图文介绍

（1）一体机

电柜、主机一体化，电缆线固定，客户不需要再安装底座。

（2）分体机

电柜单独配置，电缆线根据客户需要配置，安装底座的客户应根据需要自备。

2. 应用领域

GSK RSP600 水平机器人广泛应用于电子产品工业、塑料工业、药品工业和食品工业等领域，用以完成抓取、装配、涂胶、焊接等作业。

五、GSK C3-1100 并联机器人

图 1-5 为 GSK C3-1100 并联机器人，其广泛应用于电子、轻工、食品以及医药等行业中，可实现高速的抓放、分拣机包装等操作。

图 1-5　GSK C3-1100 并联机器人

六、GSK RP/PT 系列喷涂机器人

图 1-6 为 GSK RP/RT 系列喷涂机器人。

图 1-6　GSK RP/PT 系列喷涂机器人

1. 技术参数

GSK RP/RT 系列喷涂机器人的技术参数见表 1-3。

表1-3 技术参数表

型号	自由度	驱动方式	有效负载（kg）	重复定位精度（mm）	允许最大扭矩（N·m）			运动半径（mm）	本体重量（kg）
					J4	J5	J6		
PT5-1000	4	交流伺服驱动	5	±0.15	—	—	—	875	40（不包含立柱和行走轴）
RP05	6	交流伺服驱动	5	±0.20	1.91	1.91	1.91	2065	299
RP15	6	交流伺服驱动	15	—	—	90	15	2880	700

备注：避免与易燃易爆及腐蚀性气体、液体接触；勿溅水、油、粉尘；远离电器噪声源（等离子）。

2. 应用领域

GSK RP/RT 系列喷涂机器人广泛应用于汽车车灯、车门防水帘、车身底板、挡风玻璃等部位密封胶的涂布，以及家具、家电、汽车及配件、摩托车等行业中金属、塑料、陶瓷、木材的表面喷涂。

第二节 GR-C 控制系统

一、结构

GR-C 系列工业机器人控制系统包括机器人本体部分、控制柜部分和示教盒部分，它们通过线缆连接而成，如图1-7所示。

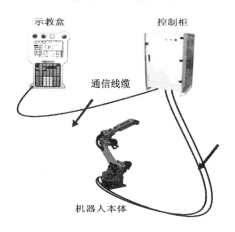

图1-7 整体结构

二、控制柜

控制柜（见图1-8）的正面左侧装有主电源开关和门锁，右上角有电源指示灯、报警指示灯、急停开关，报警指示灯下方的挂钩用来悬挂示教盒。控制柜内部包含 GR-C 控制系统主机、机器人电机驱动、抱闸释放装置、I/O 装置等部件，未经允许或不具备整改资格的人员严禁对控制柜内的电器元件、线路进行增添或变更等操作。

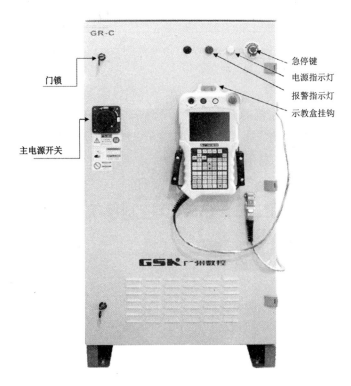

图1-8　控制柜

注意事项：按下控制柜上的急停键，伺服电源及电机电源被切断；如果按下示教盒急停键仍然不能停止机器人动作，则需按下控制柜上的急停键。

图1-9为三种不同品牌的控制器。

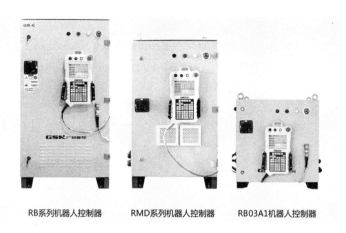

RB系列机器人控制器　　RMD系列机器人控制器　　RB03A1机器人控制器

图1-9　三种不同品牌的控制器

三、控制系统

由于采用国内最先进的GSK-RC控制系统，GR-C系列工业机器人始终能够根据实际载荷对加减速进行优化，尽可能缩短操作周期时间。该机器人通过内置服务信息系统（SIS）监测自身运动和载荷情况并优化服务需求，持续工作时间更长。嵌入式机器人控制器，基于ARM+DSP+FPGA硬件结构，可控制4-8轴，运算速度达到500MIPS，具有高速运动控制现场总线、以太网、RS232、RS485、CAN以及DeviceNet任一接口，可实现连续轨迹示教和在线示教，具备远程监控和诊断功能。

机器人现场总线（GSK-Link），具有高速实时特性，突破带宽与实时性的矛盾，兼顾通信速率和实时控制的特点，解决不同模块间数据实时交互问题。

动力学自适应辨识控制技术，综合考虑机器人运动过程中重力、哥式力、离心力等外力干扰，运用自适应辨识控制技术提高机器人的动态性能。

第三节　示教盒

一、示教盒

控制系统的示教盒为GR-C系统的人机交互装置，GR-C系统主机在控制柜内，示教盒为用户提供了数据交换接口及友好可靠的人机接口界面，可以对机器人进行示教操作，对程序文件进行编辑、管理、示教检查及再现运行，监控坐标值、变量和输入输出，实现系统设置、参数设置和机器设置，及时显示报警信息及必要的操作提示等。

示教盒分为按键和显示屏两部分。按键包括对机器人进行示教编程所需的所有操作键和按钮，示教盒的外观如图 1-10 所示，示教盒的参数见表 1-4。

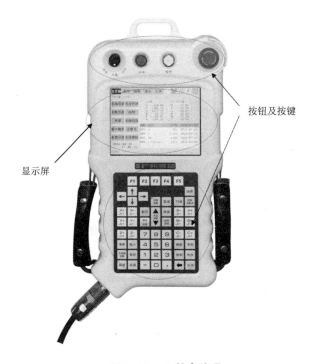

按钮及按键

显示屏

图 1-10　示教盒外观

表 1-4　示教盒参数

项目		GSK-RC
控制系统	示教方法	示教再现
	驱动方式	交流伺服电机
	控制轴数量	6 轴（可扩展至 8 轴）
	位置控制方式	PTP/CP
	速度控制	TCP 恒速控制
	坐标系统	关节坐标 / 直角坐标 / 用户坐标 / 工具坐标
记忆	记忆介质	Flash Memory（闪存）
	记忆容量	32M
	记忆内容	点、直线、圆弧、条件命令等

续　表

项目		GSK-RC
动作	插补功能	线性插补、圆弧插补
	手动操作速度	4 段可调
外部控制输入	编辑	添加、输入、删除、修改
	条件设定	程序中设定条件
	通用物理 I/O	数字 I/O 板，标准输入 / 输出各 32 点，可扩展、支持工路模拟量输出（0 ～ 10V）
应用		弧焊、搬运、涂胶、喷涂等
保护功能		焊枪机械防碰传感器、伺服防碰传感器、位置软限位、机械硬限位（部分轴）控制箱
保养功能		定期检查异常记录
异常检出功能		紧急停止异常，控制时序异常，伺服异常，码盘异常，示教盒异常，用户操作异常，点焊异常，弧焊异常，传感器异常
诊断功能		按键诊断、信号诊断等
原点复位		由码盘电池支持，不要每次开机时做原点复位（注：请定期更换电池，RMD 系列不需要电池）
冷却系统		风冷
噪声		<70dB
环境温度 / 湿度范围		0 ～ 40℃（无霜冻）/0 ～ 90%RH（不结霜）
电源		三相 AC220V 50/60Hz（小部分机型单相）（注：出口机器人按当地电压配置）
接地		D 类以上机器人专用接地

二、按键

1. 按键的表示与操作

在本书中，示教盒上的所有按键用"[ ]"表示，示教盒画面中显示的菜单用"{ }"表示。

例如：选择键用 [选择] 来表示；界面菜单用 {主页面} 来表示。

2. 常用键的名称

①急停键，用 [急停] 键来表示。

②（绿色）启动键，用 [启动] 键来表示。

③（白色）暂停键，用 [暂停] 键来表示。

④使能开关（位于示教盒左后方），用 [使能开关] 键来表示。

⑤模式选择键，用 [模式选择] 键来表示。

⑥方向键，分别为 [左方向] 键、[右方向] 键、[上方向] 键、[下方向] 键。

3. 按键的操作

按键一般采用点按方式触发，如轴移动等操作则采用点按或长按触发，使能开关采用长按保持使能有效。

复合操作则需要两个按键按下，部分复合操作需按描述顺序按下。

例如：向上翻页同时按 [转换] 键和 [翻页] 键时，用 [转换]+[翻页] 表述。

快速运动指令输入，用 [使能开关]+[输入]+[获取示教点] 表述。

三、按键的功能

按键的具体功能见表 1-5。

表 1-5　按键的具体功能表

[急停] 键	示教盒急停开关： 按下此键，机器人停止运行，屏幕上显示急停提示信息；松开示教盒上的急停键，系统自动恢复正常
[急停] 键	控制柜急停开关： 按下此键，机器人驱动及电机电源被切断，机器人停止运行；松开急停键后需对控制柜进行重新上电
[暂停] 键	再现运行程序时，按下该键，机器人暂停运行程序
[启动] 键	再现模式下，伺服就绪后，按下此键开始运行程序
[模式选择] 键	选择示教模式、再现模式和远程模式： 示教：示教模式，可用示教盒进行轴操作、编程、试运行、参数修改与设置、系统状态诊断等操作 再现：再现模式，可对示教好的文件进行再现运行 远程：远程模式，可对示教好的主程序文件进行远程控制，运行模式切换时，使能断开，系统处于停止状态

续表

[使能开关] 键	使能开关位于示教盒左后方，主要用于各轴电机。使能开、关控制示教机器人前，必须先将三位使能开关轻轻按下，再按轴操作键或前进 / 后退键，机器人才能运动，一旦松开或用力过度，使能断开，机器人停止运动
[F1] 键 F1	{主页面} 界面快捷键： 在 { 程序 } 界面、{ 编辑 } 界面、{ 显示 } 界面、{ 工具 } 界面，按下 [F1] 键，系统切换到 { 主页面 } 界面
[F2] 键 F2	{程序} 界面快捷键： 在 { 主页面 } 界面、{ 编辑 } 界面、{ 显示 } 界面、{ 工具 } 界面，按下 [F2] 键，系统显示当前加载的程序，并切换到 { 程序 } 界面，即可预览、再现运行程序。再现模式启动程序或重新启动程序时需切换到程序界面
[F3] 键 F3	{编辑} 界面快捷键： 在 { 主页面 } 界面、{ 程序 } 界面、{ 显示 } 界面、{ 工具 } 界面，按下 [F3] 键，系统打开当前程序，并切换到 { 编辑 } 界面，即可预览、编辑程序。只有在示教模式下才可切换到编辑界面
[F4] 键 F4	{显示} 界面快捷键： 在 { 主页面 } 界面、{ 程序 } 界面、{ 编辑 } 界面、{ 工具 } 界面，按下 [F4] 键，系统切换到 { 显示 } 界面
[F5] 键 F5	{工具} 界面快捷键： 在 { 主页面 } 界面、{ 程序 } 界面、{ 编辑 } 界面、{ 显示 } 界面，按下 [F5] 键，系统切换到 { 工具 } 界面
方向键	方向键用来改变光标焦点，实现遍历菜单、按钮、改变数值等，常与 [选择] 键、[取消] 键、[转换] 键、[TAB] 键配合，用以选择菜单或者按钮。 根据画面的不同，光标的大小、可移动的范围和区域会有所不同。在程序界面和编辑界面：[转换]+[上方向] 键，光标移动到程序首行；[转换]+[下方向] 键，光标移动到程序末行
轴操作键	手动移动各轴： 在示教模式下，轻轻按下使能开关，再按轴操作键，机器人各轴按当前坐标系进行轴运动（松轴按键或使能开关，轴运动停止） 注：可多轴同时运动

数值键 7 8 9 4 5 6 1 2 3 · 0	主要用于数字及字符的输入，共十二个按键，0～9数字键，小数点"."，负号"–"
[选择]键 选择	该键能激活或选择界面对象，如按钮、菜单、文件列表等等 当[选择]按钮时，执行相应按钮对应的功能； 当[选择]菜单时，进入相应菜单对应的窗口； 在主界面的文件列表中[选择]文件时，则打开光标所在的文件； 该键还可以激活软键盘，用于输入字符
[伺服准备]键 伺服 准备	要再现运行，需先选择再现模式再按下此键，然后按下[启动]按钮才能再现（必须注意机器人位置和光标位置）；否则将不能进行再现运行。再现模式下按下此键后，该键的指示灯会点亮
[取消]键 取消	[取消]键用于关闭退出当前页面/弹窗、返回上一层页面或主界面
[坐标设定]键 坐标 设定	当系统处于非外部轴坐标系时，按下此键可切换机器人的动作坐标。此键每按一次，坐标系按"关节"→"直角"→"工具"→"用户"→"关节"顺序变化并显示在系统状态区
[获取示教点]键 获取 示教点	在编辑运动指令时，按[使能开关]+[获取示教点]键，可以先获取示教点（机器人当前的位置）再设置机器人坐标系，获取原点及方向点时，通过此键来获取机器人当前的位置
[翻页]键 翻页	按下此键可实现翻页功能： 按下[翻页]键，可实现向下翻页的功能； 按下[转换]+[翻页]键，可实现向上翻页的功能。 翻页功能可用在文件列表、文件指令内容浏览、显示界面、变量、输入输出、伺服参数、焊机设置、报警信息等页面切换
[转换]键 转换	在特定界面与其他键配合使用： 与[翻页]键配合，[转换]+[翻页]，实现向上翻页的功能； 预览程序时，[转换]+[上方向]键，实现跳转到首行的功能； 预览程序时，[转换]+[下方向]键，实现跳转到末行的功能。 在软键盘界面，该键用于切换大写字母、小写字母、符号字符。在指令编辑时，该键可用于切换指令参数或指令格式，如ON → OFF

续表

[手动速度]键	机器人运行速度的设定键，用于示教和再现两种方式速度的调节： 手动速度有 5 个等级（微动、低速、中速、高速、超高速）； 每按一次高速键，速度按以下顺序变化："微动"→"低速"→"中速"→"高速"→"超高速"； 每按一次低速键，速度按以下顺序变化："超高速"→"高速"→"中速"→"低速"→"微动"； 被设定的速度显示在系统状态区域。
[单段连续]键	示教模式下，可在"单段""连续"两个动作循环模式之间切换，再现模式下无效： "单段"模式是指在进行前进、后退示教时，系统每运行一条指令就停止，只有当用户再次按[前进]、[后退]键时，系统才能运行下一条指令； "连续"模式是指在进行前进、后退示教时，系统连续运行程序指令，直到结束指令才会停止
[TAB]键	按下此键，可在当前界面显示区域间切换光标： 界面通常通过几个矩形框进行划分，这些矩形相当于一个区域，只有当某个区域中包含图形元素（如按钮、菜单、文件列表、文本显示框）时，光标才会切换到该区域。 通常[TAB]键和四个方向键共同配合，用于移动光标、选择图形元素，以便使用系统功能
[清除]键	清除报警信息（伺服报警除外）；清除人机接口显示区的提示信息等
[外部轴切换]键	按下此键可切换机器人与外部轴的动作坐标系 此键每按一次，坐标系按以下顺序变化："外部轴"→"切换状态前的机器人坐标系" 被选中的坐标系显示在系统状态区域
[输入]键	确认用户当前的输入内容： 在软键盘界面，[输入]键用于确认当前软键盘输入的内容； 在修改指令时，[输入]键用于确认当前指令修改的内容； 在焊机设置时，[输入]键用于确认当前属性的输入值。其他界面类似
[删除]键	此键用于程序文件、指令的删除等操作： 在文件一览界面中，删除当前光标所在的文件； 在编辑指令时，删除当前光标所选择区域的指令
[添加]键	在程序编辑页面，按下此键，系统进入程序编辑的添加模式

续表

[修改]键 修改	在程序编辑页面，按下此键，系统进入程序编辑的修改模式
[复制]键 复制	编辑的一般模式下，该键有复制指令的功能： 首次按下该键，可选择要复制的区域，再次按下该键，完成复制并可选择粘贴位置，再次按下该键，则系统进行粘贴动作，完成复制功能
[剪切]键 剪切	编辑的一般模式下，该键有剪切指令的功能： 首次按下该键，可选择要剪切的区域，再次按下该键，完成剪切并可选择粘贴的位置，再次按下该键，则系统进行粘贴动作，完成剪切功能
[前进]键 前进	示教模式下，按住[使能开关]和此键时，机器人按示教的程序点轨迹顺序运行，非运动指令语句直接解释执行，用于检查示教程序
[后退]键 后退	示教模式下，按住[使能开关]和此键时，机器人按示教的程序点轨迹顺序逆向运行，非运动指令语句不执行
[退格]键 ←	在编辑框/数字框中按下此键可删除字符
[应用]键 应用	此键为一个外部应用开关： 按[转换]+[应用]键，用于焊接、喷涂时，启动和关闭信号

四、软键盘

软键盘主要用在需要输入字母、字符的环境，以弥补实际按键的不足，如输入程序名、变量注释、指令搜索关键字等。在允许使用字母、字符的环境中，在输入框按[选择]键弹出的软键盘如图1-11所示。

图1-11　按[选择]键弹出的软键盘

软键盘可输入大写字母、小写字母、符号三种字符，通过 [转换] 键进行切换。数字字符的输入可直接通过示教盒数值键进行输入。

通过方向键可移动光标。按下 [选择] 键可将光标处的字符进行输入，并显示在"输入"框中。通过 [退格] 键，可删除"输入"框中的字符。按下 [输入] 键确认输入，将"输入"框所显示的字符作为本次输入的结果。按下 [取消]键取消输入，即放弃"输入"框所显示的字符，并退出该软键盘窗口。

五、数值的录入

在进行参数设置时，通常需要进行参数值的输入。首先通过数值键将需要的数值输入编辑框，通过 [退格] 键可删除编辑框中所输入的值，最后通过 [输入] 键进行确认输入，如输入数值不符合要求，系统会提示当前数值的输入范围；选择性数值则可输入数值，或者用上下光标键选择，如坐标系设定等；搜索及定位输入数值后系统不显示，按 [输入] 后，系统定位至对应目标，如显示页面的快速定位等。

六、示教盒画面显示

示教盒画面显示屏共分为八个显示区：快捷菜单区、系统状态显示区、导航条、主菜单区、时间显示区、位置显示区、文件列表区和人机对话显示区。其中，接收光标焦点切换的只有快捷菜单区、主菜单区和文件列表区，通过按[TAB] 键在显示屏上相互切换光标，区域内可通过方向键切换光标焦点执行相应操作。显示屏主页面画面如图 1-12 所示。

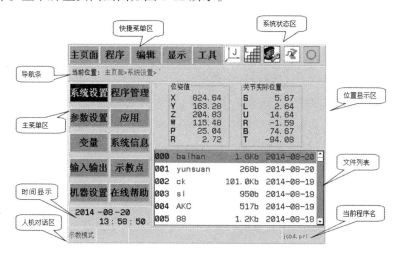

图 1-12　显示屏主页面

（一）快捷菜单区

快捷菜单区的主页面、程序、编辑、显示和工具分别用于返回主页面、打开当前程序、编辑当前程序、显示运行状态以及图形显示工具，如图 1-13 所示。

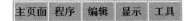

图 1-13　快捷菜单区

可以按快捷键 [F1] ～ [F5] 进行快速切换。[F1] ～ [F5] 依次对应 { 主页面 }、{ 程序 }、{ 编辑 }、{ 显示 } 和 { 工具 } 五个界面。

1.{ 程序 } 菜单界面

{ 程序 } 菜单界面用于显示当前加载程序（当前程序名显示界面右下角）。打开程序后，光标停留在 { 程序 } 菜单处，如图 1-14 所示。

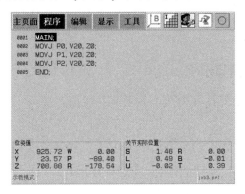

图 1-14　{ 程序 } 菜单界面

在 { 程序 } 菜单界面，可以预览、单段、连续示教、再现运行程序。可通过 [上方向] 键、[下方向] 键将光标移动上一行、下一行，通过 [翻页] 键可向下翻页，通过 [转换]+[翻页] 组合键可向上翻页，通过 [转换]+[上方向] 键可将光标移动到程序首行，通过 [转换]+[下方向] 键可将光标移动到程序末行。

2.{ 编辑 } 菜单界面

{ 编辑 } 菜单界面只用于编辑当前程序。进入 { 编辑 } 菜单界面后，光标停留在 { 编辑 } 菜单处，如图 1-15 所示。

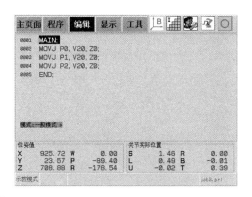

图 1-15　{编辑}菜单界面

在{编辑}菜单界面,可以对程序进行指令的添加、删除、复制、剪切、粘贴、参数修改、搜索等操作。

3.{显示}菜单界面

{显示}菜单界面用于查看系统相关的运行状态,如图 1-16 所示。

序号	变量值	变量说明
0	0	伺服使能
1	0	DSP后台
2	1	中断
3	0	定时器1
4	1	定时器2
5	1	示教模式
6	0	程序模式
7	0	运动状态
8	0	程序状态
9	0	暂停

图 1-16　{显示}菜单界面

在{显示}菜单界面,可以查看机器运行状态、总线状态等诊断信息。在该界面中,通过数值键输入变量序号,如 130(此时系统不显示用户输入的数值"130"),再按[输入]键,则界面快速切换到变量序号为 130 的页面。此外,也可通过方向键、翻页键浏览系统诊断信息。

4.{工具}菜单界面

{工具}菜单界面以曲线连续变化的方式显示系统实时诊断信息(目前可诊断指令电压、指令电流、反馈电压、反馈电流等),如图 1-17 所示。

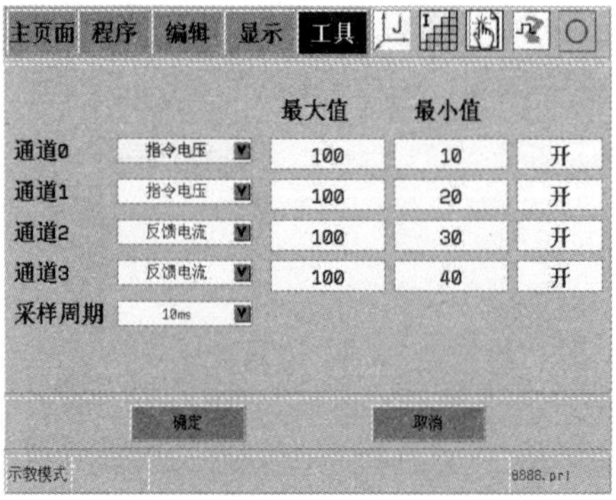

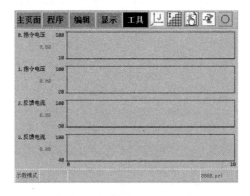

图 1-17   {工具} 菜单界面

在该界面中,通过左右方向键可选择"通道 0""通道 1""通道 2""通道 3" "采样周期"等选项,通过上下方向键可对各个选项进行设置,显示的曲线可随着设置而变化。当设置各个通道为"开"并通过 [确认] 键确认后,此时界面显示出对应的指定电流电压的曲线,如图 1-18 所示。

图 1-18   指定电流电压的曲线

(二)系统状态显示区

系统状态显示区显示机器人的当前状态,如图 1-19 所示。

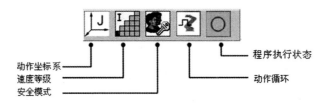

图 1-19   系统状态显示区

1. 动作坐标系

动作坐标系：显示被选择的坐标系。动作坐标系有关节坐标系、直角坐标系、工具坐标系、用户坐标系和外部轴坐标系五种。工具坐标系、用户坐标系有十个。通过按示教盒上的 [坐标设定] 键和 [外部轴切换] 键可依次切换。每按一次 [坐标设定] 或 [外部轴切换] 键，坐标系在外部轴坐标系与关节坐标、直角坐标系、工具坐标系、用户坐标之间切换。当系统设定外部轴轴数为 0 时，按 [外部轴切换] 键无效。

动作坐标系的五种形式如下。

：关节坐标系。

：直角坐标系。

：工具坐标系。

：用户坐标系。

：外部轴坐标系。

2. 速度等级

速度等级：显示系统当前的执行速度（包括手动速度与再现速度）。手动速度有微动、低速、中速、高速和超高速五个速度等级，具体如下。

：微动。

：低速。

：中速。

：高速。

：超高速。

通过按示教盒上的 [手动速度] 键可手动增、减速度等级：

每按一次高速键，速度等级依次递增；

每按一次低速键，速度等级依次递减。

系统开机初始默认速度为微动等级。

3. 安全模式

安全模式：显示被选择的安全模式。

：操作模式。操作模式是面向生产线中进行机器人动作监视的操作者的模式，主要可进行机器人启动、停止、监视操作等，也可进行生产线异常时的恢复作业等。

：编辑模式。编辑模式是面向进行示教作业的操作者的模式，比操作模式可进行的作业有所增加，可进行机器人的缓慢动作、程序编辑，以及各种程序文件的编辑等。

：管理模式。管理模式是面向进行系统设定及维护的操作者的模式，比编辑模式可进行的作业有所增加，可进行部分参数设定、用户口令的修改等管理操作。

：厂家模式。警告：厂家模式是最高权限，可修改所有参数，但修改参数不当将导致人身伤害或设备损坏等严重后果，应谨慎使用。

4. 动作循环（示教模式）

动作循环（示教模式）：显示当前的动作循环，该循环仅在示教模式通过 [使能开关]+ [前进]/ [后退] 检查程序时有效，在再现模式下无效。该循环主要有下列两种执行模式。

：单步。

：连续。

5. 程序执行状态

程序执行状态：显示系统当前程序的执行状态。系统当前程序的执行状态有以下四种。

：停止中。

：暂停中。

：急停中。

：运行中。

（三）文件列表区

文件列表区将显示所有系统存在的一些程序信息，包括程序名、程序大小、程序创建的日期，如图 1-20 所示。

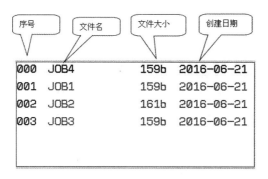

图 1-20　文件列表区

在 {主页面} 界面，通过 [TAB] 键可将光标移动到文件列表区，配合方向键、[翻页] 键、[转换] 键和 [选择] 键便可打开所选择的程序。

（四）人机对话显示区

人机对话显示区显示各种提示信息和报警信息等，如图 1-21 所示。

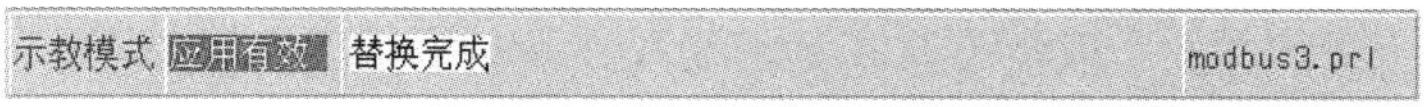

图 1-21　人机对话显示区

（五）主菜单区

主菜单区一共拥有十个子菜单，如图 1-22 所示。

图 1-22　主菜单区

在 {主页面} 菜单界面，通过 [TAB] 键可将光标移动到主菜单区，配合方向键和 [选择] 键便可进入菜单对应界面，完成相应操作。当光标进入该区域时，光标的位置为上次离开该区域的位置。

GR-C 主菜单涵盖系统所有参数修改及功能设置，在本节将对主菜单各级子菜单的页面进行介绍。

1．{系统设置} 菜单

{系统设置} 菜单由十四个三级菜单项组成，按 [选择] 键选择 {系统设置} 菜单，弹出其三级菜单，如图 1-23 所示。

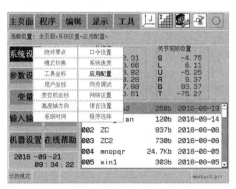

图 1-23　{系统设置} 菜单界面

弹出三级菜单后，光标位置为上次离开该三级菜单时的位置。通过上下方向键选择三级菜单，[取消] 键可关闭离开该子菜单界面。

（1）{绝对零点} 菜单界面

{绝对零点} 菜单界面用来设置绝对零点位置，如图 1-24 所示。

图 1-24 {绝对零点}菜单界面

该界面由两个区域组成,[TAB] 键切换区域光标。

区域一显示当前机器人每个轴的绝对零点位置值。当光标处于"是否修改"列时,通过 [选择] 键进行修改,若选择"是",则允许对对应轴的绝对零点位置值进行修改;若选择 "否",则不允许修改。"零点位置值"列显示了当前各个轴的零点值,可通过数值键直接输入新的零点值,或通过区域二的【读取】按钮,获取机器人当前所在位置作为新的零点值。

区域二含有四个按钮,其具体功能介绍如下。

【读取】按钮:读取当前允许修改轴的实际转角值,并显示在区域一。

【设置】按钮:将区域一显示的值设置为绝对零点位置值。

【全选】按钮:将区域一所有轴的"是否修改"属性全部选择"是",再次选择该按钮时,则将区域一所有轴的"是否修改"属性全部选择"否"。

【退出】按钮:退出该界面,返回主页面。[取消] 键亦可退出。

(2){模式切换}菜单界面

{模式切换}菜单界面用来切换当前的安全模式,如图 1-25 所示。

图 1-25 {模式切换}菜单界面

该界面由两个区域组成，[TAB] 键切换区域光标。

区域一用方向键选择要切换的安全模式。

区域二包含两个按钮，其具体功能介绍如下。

【选择】按钮：根据区域一所选择的模式，切换为当前的安全模式，若当前安全模式比区域一选择的模式等级低，则需要输入相应的密码口令。

【退出】按钮：退出该界面，返回主页面。[取消] 键亦可退出。

（3）{ 工具坐标 } 菜单界面

{ 工具坐标 } 菜单界面用来设置工具坐标，如图 1-26 所示。

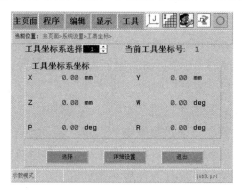

图 1-26　{ 工具坐标 } 菜单界面

该界面由三个区域组成，[TAB] 键切换区域光标。

区域一可以通过上下方向键或输入数值选择要设置的工具坐标号 0 ～ 9。

区域二显示区域一中选择的工具坐标号对应的坐标值。

区域三含有三个按钮，其具体功能介绍如下。

【选择】按钮：设定区域一选择的工具坐标号为当前工具坐标号。显示在区域一右则。

【详细设置】按钮：对区域一显示的工具坐标号进行详细设置。设置方法有直接输入法、三点法、五点法。

【退出】按钮：退出该界面，返回主页面。[取消] 键亦可退出。

① "工具坐标详细设置" 界面，如图 1-27 所示。

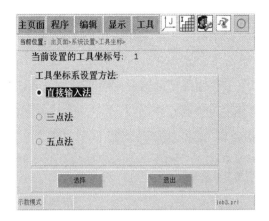

图 1-27 "工具坐标详细设置"界面

②在"工具坐标详细设置"界面，直接输入法被列在首位。

③"三点法设置工具坐标"界面，如图 1-28 所示。

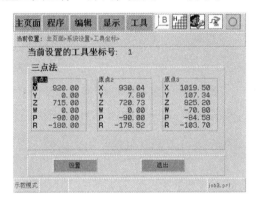

图 1-28 "三点法设置工具坐标"界面

④"五点法设置工具坐标"界面，如图 1-29 所示。

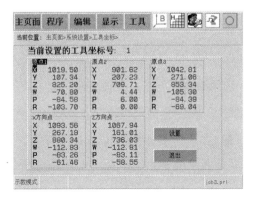

图 1-29 "五点法设置工具坐标"界面

（4）{用户坐标}菜单界面

{用户坐标}菜单界面与{工具坐标}菜单界面相似。

（5）{变位机坐标}菜单界面

{变位机坐标}菜单界面用来设置变位机坐标。进入该界面前需在{变位机配置}界面中设置变位机轴数，{变位机坐标}菜单界面如图1-30所示。

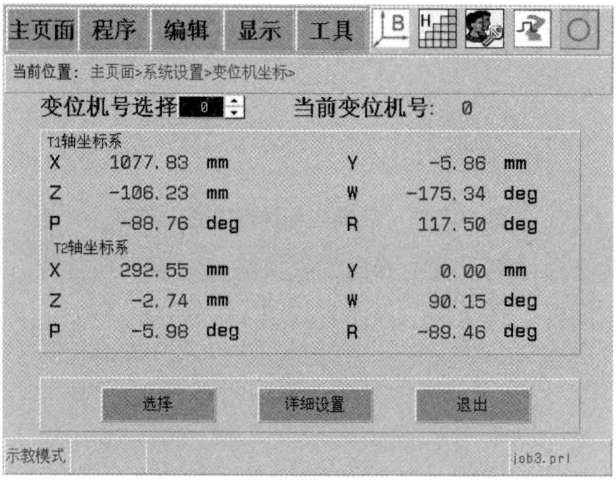

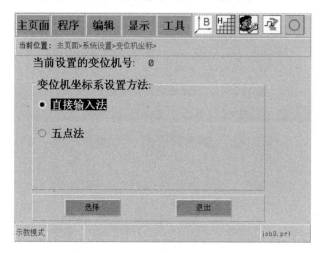

图1-30 {变位机坐标}菜单界面

① "变位机坐标详细设置"界面，如图1-31所示。

图1-31 "变位机坐标详细设置"界面

② "直接输入法设置变位机坐标"界面，如图1-32所示。

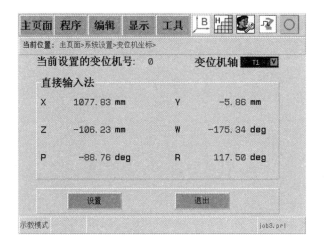

图 1-32 "直接输入法设置变位机坐标"界面

③"三点法设置变位机坐标"界面,如图 1-33 所示。

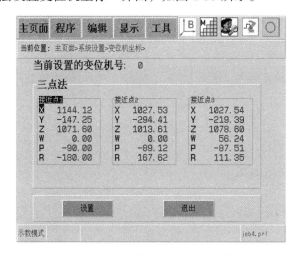

图 1-33 "三点法设置变位机坐标"界面

④"五点法设置变位机坐标"界面,如图 1-34 所示。

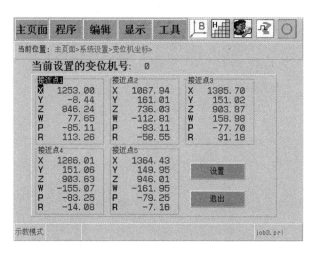

图1-34 "五点法设置变位机坐标"界面

（6）{基座轴方向}菜单界面

当外部轴配置成基座轴时，在{基座轴方向}菜单界面可设置基座轴的方向，如图1-35所示。

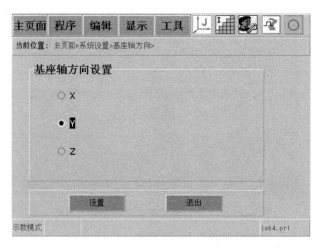

图1-35 {基座轴方向}菜单界面

该界面由两个区域组成，[TAB]键切换区域光标。

区域一显示了基座轴可选的方向，若基座轴的轴数为1，则可选的方向只有"X""Y""Z"方向；若基座轴的轴数为2，则可选的方向有"XY""XZ""YX""YZ""ZX""ZY"（注："XY"表示基座轴第一轴的方向为X，第二轴的方向为Y）。通过上下方向键移动光标选择需要设置的轴方向。

区域二包含两个按钮，其具体功能介绍如下。

【设置】按钮：根据区域一所选的基座轴方向，设置到系统。

【退出】按钮：退出该界面，返回主页面。[取消] 键亦可退出。

（7）{ 系统时间 } 菜单界面

{ 系统时间 } 菜单界面用来设置系统时间，如图 1-36 所示。

图 1-36　{ 系统时间 } 菜单界面

（8）{ 应用配置 } 菜单界面

{ 应用配置 } 菜单界面用来设置需要的功能，该界面一共两页，可通过翻页键或者方向键切换至下一页，如图 1-37 ～图 1-38 所示。

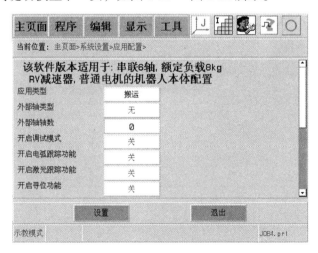

图 1-37　{ 应用配置 } 菜单界面一

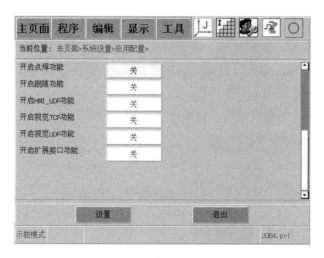

图1-38 {应用配置}菜单界面二

注意：当配置外部轴为基座轴，则需要设置基座轴的轴方向；当配置外部轴为变位机，则需要建立变位机坐标系。

2. {程序管理}菜单

{程序管理}菜单由四个子菜单项组成，移动光标至{程序管理}菜单按[选择]键打开，会弹出其子菜单，如图1-39所示。

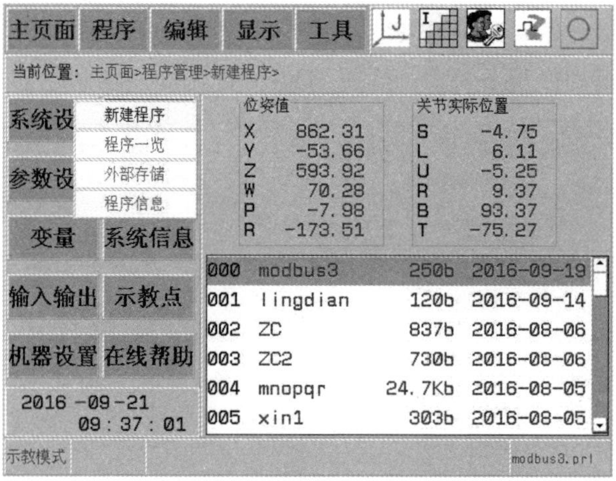

图1-39 {程序管理}菜单界面

弹出子菜单后，光标位置为上次离开该子菜单时的位置。通过上下方向键选择子菜单，[取消]键可关闭离开该子菜单界面。

（1）{新建程序}菜单界面

{新建程序}菜单界面用来创建新的程序文件，如图1-40所示。

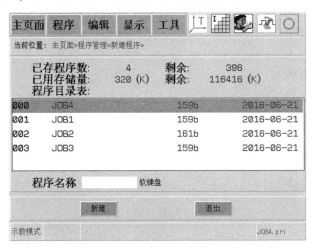

图1-40　{新建程序}菜单界面

（2）{程序一览}菜单界面

{程序一览}菜单界面用来执行复制、删除、重命名程序文件等操作，如图1-41所示。

图1-41　{程序一览}菜单界面

（3）{外部存储}菜单界面

{外部存储}菜单界面用于系统与外界U盘之间的程序互相拷贝，如图1-42所示。

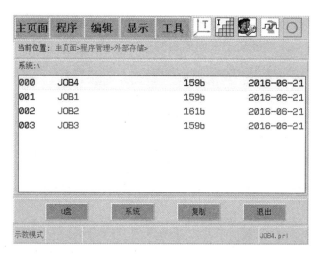

图 1-42 ｛外部存储｝菜单界面

注意：当"主页面→系统设置→程序选择→程序加载方式"为 DNC 加载时，当光标在区域一并且当前路径为 U 盘路径的时候，按 [输入] 键选择程序可进入 DNC 加工模式，并且进入程序界面。

（4）｛程序信息｝菜单界面

｛程序信息｝菜单界面用于查看程序的详细信息，如图 1-43 所示。

图 1-43 ｛程序信息｝菜单界面

①"程序详细设置"界面。"程序详细设置"菜单界面用来查看并设置所选程序的详细信息，如图 1-44 所示。

图 1-44 "程序详细设置"界面

②"工具/用户坐标系设置"界面。"工具/用户坐标系设置"界面用来修改程序中所用到的各个工具和用户坐标系，如图 1-45 所示。

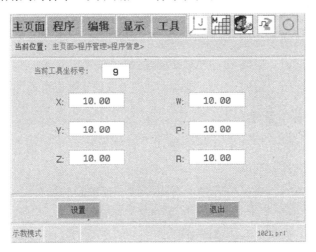

图 1-45 "工具/用户坐标系设置"界面

③｛系统备份｝菜单界面

｛系统备份｝菜单界面用来进行系统参数备份与还原，系统调试完成后进行一次系统参数备份，当出现误修改参数导致运行不正常时可进行系统参数还原，操作界面如图 1-46 所示。

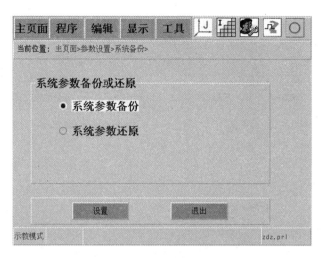

图 1-46　{系统备份} 菜单界面

该界面由两个区域组成。

区域一包括选择进行系统参数备份还是还原。系统备份的参数包含关节参数、轴参数、运动参数、连杆参数、软限位、跟随参数等。

区域二包括两个按钮，其具体功能介绍如下。

【设置】按钮：把区域一的配置设置到系统。

【退出】按钮：返回上一层界面，通过 [取消] 键也可返回上一层界面。

3．{变量} 菜单

{变量} 菜单由六个子菜单项组成，移动光标至 {变量} 菜单按 [选择] 键打开，会弹出其子菜单。

弹出子菜单后，光标位置为上次离开该子菜单时的位置。通过上下方向键选择子菜单，[取消] 键可关闭离开该子菜单界面。

在 {变量} 菜单六个子菜单项中：

字节型变量范围为 0 ～ 255；

整数型变量范围为 -32768 ～ 32767；

双精度型变量范围为 -2147483648 ～ 2147483647；

实数型变量允许值的范围为 -1.79E+308 ～ 1.79E+308。

其中，字节型变量界面、整数型变量界面、双精度型变量界面和实数型变量界面操作方式基本一致，因此下面只介绍实数型变量界面、位置型变量界面和视觉变量界面。

（1）{实数型（R）}菜单界面

{实数型（R）}菜单界面用来查看、修改实数型变量信息，如图1-47所示。

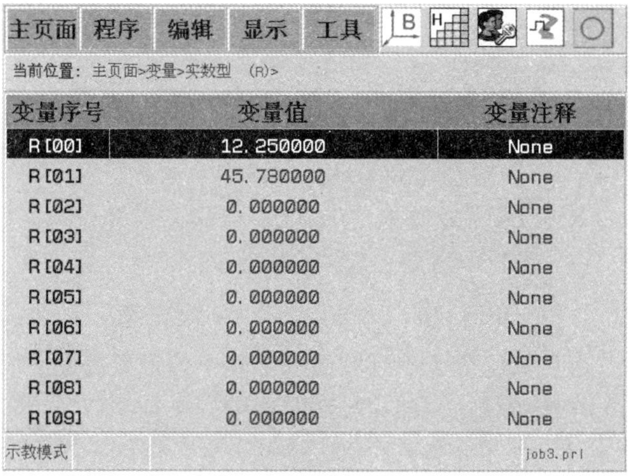

图1-47　{实数型（R）}菜单界面

该界面由一个区域组成，该区域显示100个实数型变量的信息。进入该界面时，该界面属于浏览状态，即光标同时选中"变量序号""变量值""变量注释"，如图1-47所示。按 [修改] 键使界面进入修改状态，可进行变量值与变量注释的修改。浏览状态下，通过上下方向键、[翻页] 键、[转换]+[上 / 下方向]组合键、[转换]+[翻页] 组合键可移动光标进行查看变量信息。通过数值键输入变量的序号，如45（此时系统并不显示用户输入的"45"），再按 [输入]键可快速将光标移动到变量R[45]处。[取消] 键退出该界面，返回主页面。修改状态下，通过左右方向键可将光标在"变量值"和"变量注释"两列进行移动，通过上下方向键、翻页键、[转换]+[上方向 / 下方向 / 翻页] 组合键使得光标上下移动。当光标在"变量值"列时，可通过数值键直接输入数值，并按[输入] 键结束输入；通过 [转换]+[删除] 组合键可清除所有实数变量的值为0。当光标在"变量注释"列时，通过 [选择] 键，激活软键盘进行变量注释的修改；通过 [删除] 键可删除该变量的注释；通过 [转换]+[删除] 组合键可删除所有实数变量的注释。[取消] 键可返回浏览状态。

（2）{位置型（PX）}菜单界面

{位置型（PX）}菜单界面用来查看、修改位置型变量信息，如图1-48所示。

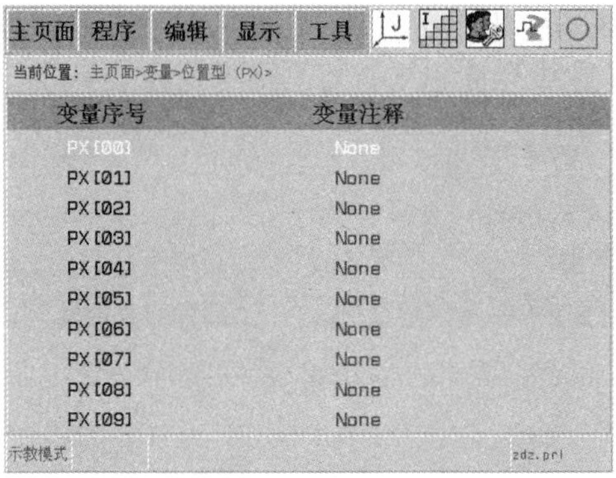

图 1-48 {位置型（PX）}菜单界面

该界面由一个区域组成，该区域显示 100 个位置型变量的信息。进入该界面时，该界面处于浏览状态，即光标同时选中"变量序号""变量注释"，如图 1-48 所示。按 [修改] 键使界面进入修改状态，可修改变量注释。浏览状态下，通过上下方向键、[翻页] 键、[转换]+[上 / 下方向] 组合键、[转换]+[翻页] 组合键可移动光标进行查看变量信息。通过数值键输入变量的序号，如 45（此时系统并不显示用户输入的"45"），再按 [输入] 键可快速将光标移动到变量 PX[45] 处。[取消] 键可退出该界面，返回主页面。[选择] 键可进入对应位置型变量的明细界面，进行值的修改。修改状态下，通过上下方向键、翻页键、[转换]+[上方向 / 下方向 / 翻页] 组合键使得光标上下移动。当光标在"变量注释"列时，通过 [选择] 键，激活软键盘进行变量注释的修改；通过 [删除] 键可删除该变量的注释；通过 [转换]+[删除] 组合键可删除所有位置型变量的注释。[取消] 键可返回浏览状态。

"位置型变量明细"界面，可进行位置型变量值的修改，如图 1-49 所示。

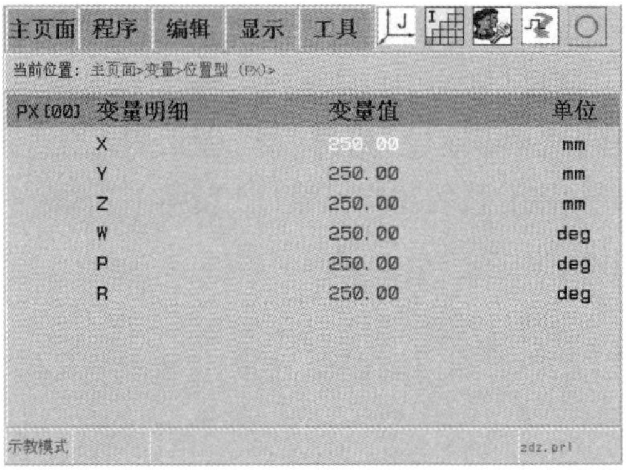

图 1-49 "位置型变量明细"界面

该界面由一个区域组成，且仅处于修改状态，光标只能处于"变量值"列。通过上下方向键可上下移动光标，通过 [翻页] 键可切换下一个变量的明细界面，通过 [转换]+[翻页] 组合键可切换上一个变量的明细界面。通过数值键可直接输入位置型变量 X、Y、Z、W、P、R 的值。通过 [转换]+[删除] 键可清除当前页面的 PX 变量值。[取消] 键退出该界面，返回上一级界面。

（3）{视觉变量（VR）}菜单界面

{视觉变量（VR）}菜单界面用来查看、修改视觉变量信息。如图 1-50 所示。

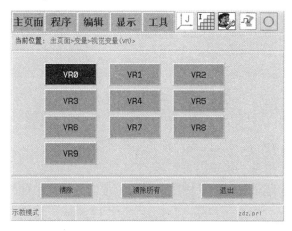

图 1-50　{视觉变量}菜单界面

该界面由两个区域组成。

区域一包括十个视觉变量的按钮选项，通过上下左右方向键来选择所要修改的 VR 变量。通过 [TAB] 按键可在两个区域之间切换。

区域二包括三个按钮，其具体功能介绍如下。

【清除】按钮：清除区域一所选 VR 变量的值，即光标所在的 VR 变量。

【清除所有】按钮：清除所有 VR 变量的值。

【退出】按钮：返回主界面，按 [取消] 键也可返回主界面。

{视觉变量明细}界面用来修改 VR 变量中各个子项的值。

该界面只有一个区域，当光标在"类型"处时，通过 [选择] 键进行类型的切换，光标在其他子项上面时，通过数字和输入键进行数据的输入。

4．{系统信息}菜单

{系统信息}菜单由五个子菜单项组成，移动光标至{系统信息}菜单按 [选择] 键打开，会弹出其子菜单，如图 1-51 所示。

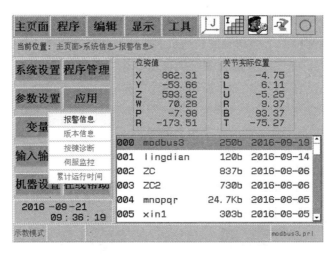

图 1-51　{系统信息} 菜单界面

弹出子菜单后，光标位置为上次离开该子菜单时的位置。通过上下方向键选择子菜单，[取消] 键可关闭离开该子菜单界面。

（1）{报警信息} 菜单界面

{报警信息} 菜单界面用来浏览最近历史报警的信息，如图 1-52 所示。

序号	报警号	报警说明	报警时间
01	2200034	HMI与SER通信异常	2016-06-21 16:53:58
02	2300006	急停报警	2016-06-21 16:18:29
03	2200034	HMI与SER通信异常	2016-06-21 13:39:15
04	2420036	主电源掉电	2016-06-21 10:17:19
05	2200034	HMI与SER通信异常	2016-06-21 10:16:52
06	2420036	主电源掉电	2016-06-21 10:16:23
07	2300006	急停报警	2016-06-21 09:57:59
08	2420036	主电源掉电	2016-06-21 09:47:25
09	2200034	HMI与SER通信异常	2016-06-21 09:46:44
10	2420036	主电源掉电	2016-06-21 09:46:16

图 1-52　{报警信息} 菜单界面

（2）{版本信息} 菜单界面

{版本信息} 菜单界面用来显示当前系统的版本信息，如图 1-53 所示。

图 1-53 {版本信息} 菜单界面

5. {输入输出} 菜单

{输入输出} 菜单由八个子菜单单项组成，移动光标至 {输入输出} 菜单按 [选择] 键打开，会弹出其子菜单，如图 1-54 所示。

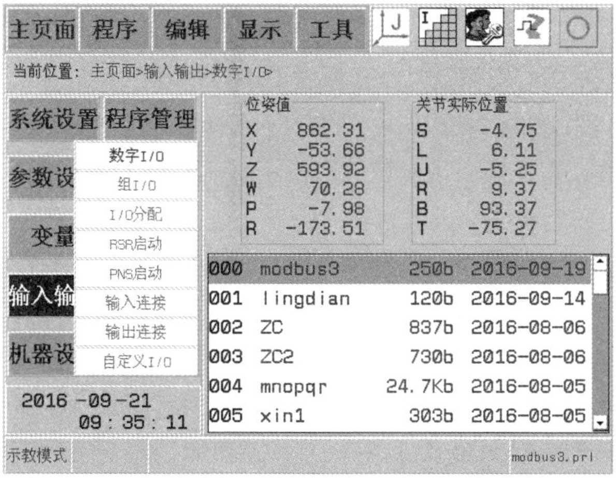

图 1-54 {输入输出} 菜单界面

弹出子菜单后，光标位置为上次离开该子菜单时的位置。通过上下方向键选择子菜单，[取消] 键可关闭离开该子菜单界面。下面主要介绍其中的六个子菜单界面。

（1）{数字 I/O} 菜单界面

{数字 I/O} 菜单界面用来控制、查看数字信号输出端口和数字信号输入端口的状态，如图 1-55 所示。

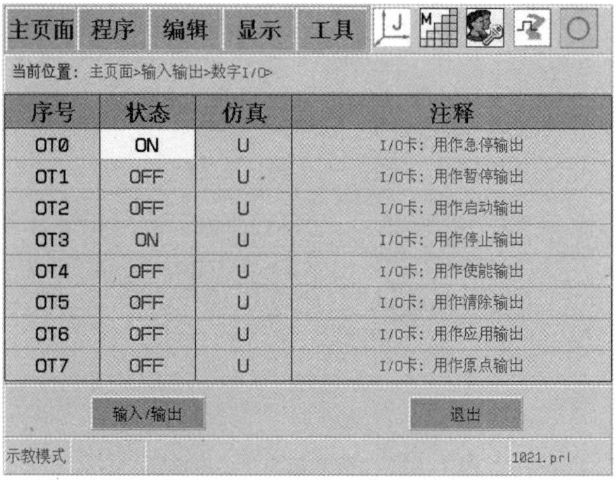

图 1-55 {数字 I/O} 菜单界面

该界面由两个区域组成。

区域一显示端口的信息，包括"I/O 序号""I/O 状态"和"注释"等信息。通过上下方向键，[翻页] 键可浏览端口信息。

"I/O 序号"：当光标在此栏时，通过数值输入端口号，如 13，再按 [输入] 键，可快速将光标移动到 DOUT[13] 或者 DIN[13] 处。

"状态"：当光标在此栏时，可通过 [选择] 键，使得 I/O 状态在 OFF 或者 ON 之间切换。数字输出信号被注册使用时，不可强制输出。数字输入信号不可进行控制，它只能从外设进行输入。

"仿真"：当光标在此栏时，按 [选择] 键可使得 I/O 仿真状态在"U"和"S"之间进行切换，"U"表示不仿真输出，"S"表示仿真输出。

"注释"：显示系统 I/O 的用途和所属的是哪种类型"卡"，"未定义"表示没被占用。"卡"指的是拓展功能卡，如 I/O 卡（标配）、GPC 卡、焊接卡。

注意：每一个端口只能用于某一个系统功能，用户在操作机器人时，应该检查各个输入输出端口的使用情况，避免出现由外部信号触发机器人运动的危险。

（2）{组 I/O} 菜单界面

I/O 配置是指用户自定义各个组 I/O 的配置来控制机器人控制系统的状态，以达到控制系统的功能。用户可以根据自己的用途，通过组 I/O 界面来配置最多 16 组的 I/O 组。定义的 I/O 组可在程序中使用，也可在组 I/O 界面输入 I/O 组的值，并且通过仿真输出来测试各个 I/O 组的输出状态是否达到需要的目的。

　　{组 I/O} 菜单界面用来对 I/O 组进行设置，包括对各个 I/O 组的起始位、位长度以及是否仿真等进行设置，如图 1-56 所示。

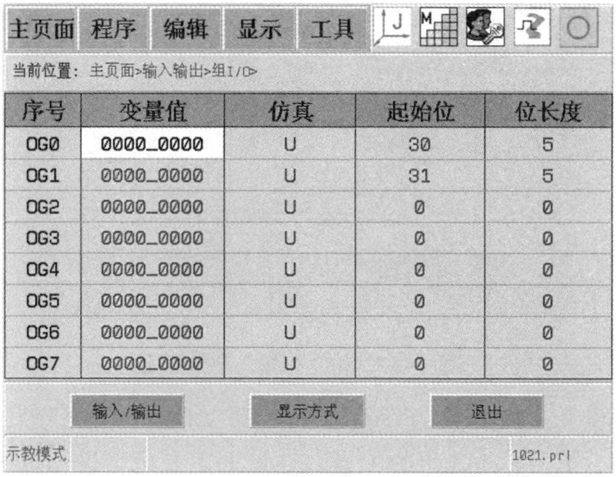

图 1-56　{组 I/O} 菜单界面

　　该界面由两个区域组成，[TAB] 键可以将光标在两个区域之间切换。

　　区域一可对 I/O 组配置信息进行修改操作，最多可配置 16 组的 I/O 组。

　　"变量值"：按数字和输入键进行输入，可修改 I/O 组的值，相应改变各个 I/O 位的输出。当为数字输入信号时，必须处在仿真状态才能改变这个值。

　　"仿真"：按 [选择] 键进行 "U" 和 "S" 切换。当选择 "U" 时，则表示 I/O 仿真状态无效；当选择 "S" 时，表示仿真状态有效。

　　"起始位"：I/O 组的起始 I/O 位，通过数字和输入键进行修改。

　　"位长度"：I/O 组的长度，范围为 2 ～ 8，通过数字和输入键进行修改。

　　区域二含有三个按钮，其具体功能介绍如下。

　　【输入 / 输出】按钮：[选择] 键选择该按钮时，按钮在【输入信号】、【输出信号】之间变化。

　　【显示方式】按钮：改变 "变量值" 一栏的显示方式，有二进制、十进制和十六进制共三种显示方式。

　　【退出】按钮：退出该界面，返回主页面。[取消] 键亦可退出。

　　（3）{I/O 分配} 菜单界面

　　{I/O 分配} 菜单界面用来配置各种 I/O 卡的长度和范围，如图 1-57 所示。

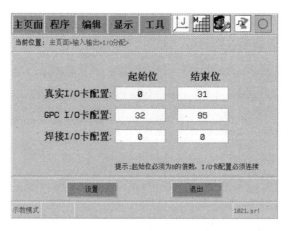

图 1-57 {I/O 分配} 菜单界面

该界面由两个区域组成，[TAB] 键可以将光标在两个区域之间切换。

区域一显示了三种 I/O 卡的配置，通过上下左右键进行选择，数字和输入键进行修改。

区域二含有两个按钮，其具体功能介绍如下。

【设置】按钮：将区域一的显示的值设置到系统，并生效。

【退出】按钮：退出该界面，返回主页面。[取消] 键亦可退出。

注意：I/O 卡配置的起始位必须为 8 的倍数，而且必须连续；配置的 I/O 卡，卡数必须跟实际配置的卡数相同。

（4）{输入连接} 菜单界面

{输入连接} 菜单界面用来配置输入端口到输出端口的连接关系，如图 1-58 所示。

图 1-58 { 输入连接 } 菜单界面

该界面由两个区域组成，[TAB] 键可以将光标在两个区域之间切换。

区域一由输入连接到输出的表格组成。当光标处在"是否有效"一列时，可通过选择键在"有效"和"无效"的状态之间进行切换；当光标处在"输入端口"和"输出端口"时，可通过数字和输入键进行修改，已经被占用的输出端口不能使用。设置完成后，当 DIN0 端口输入有效时，则对应的 DOUT20 输出有效。

区域二包含两个按钮，其具体功能介绍如下。

【设置】按钮：把区域一所显示的配置信息设置生效。

【退出】按钮：返回主界面。[取消] 按钮也可返回主界面。

（5）{输出连接} 菜单界面

{输出连接} 菜单界面用来配置输出端口到输出端口的连接关系，如图 1-59 所示。

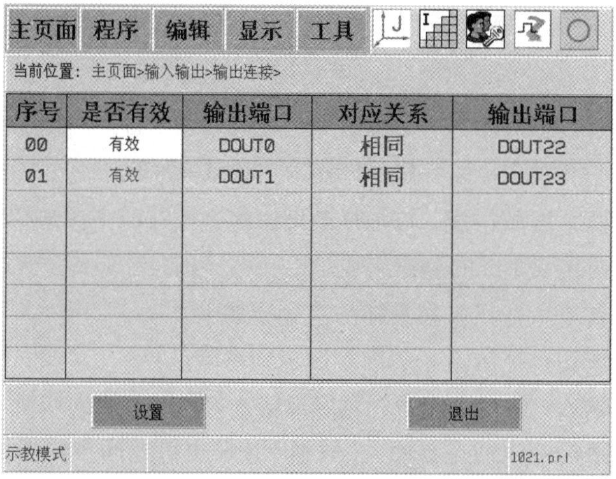

主页面	程序	编辑	显示	工具					

当前位置：主页面>输入输出>输出连接>

序号	是否有效	输出端口	对应关系	输出端口
00	有效	DOUT0	相同	DOUT22
01	有效	DOUT1	相同	DOUT23

设置	退出

示教模式　　　　　　　　　　　　　　　　1021.prl

图 1-59　{输出连接} 菜单界面

该界面由两个区域组成，[TAB] 键可以将光标在两个区域之间切换。

区域一由输出连接到输出的表格组成。当光标处在"是否有效"一列时，可通过选择键在"有效"和"无效"的状态之间进行切换；当光标处在"对应端口"列时，可通过 [选择] 键在"相同"和"相反"之间进行切换，这里的对应关系是电平的对应关系，如输出高电平，对应关系为"相同"则目标端口也输出高电平，反之则输出低电平；当光标处在"输出端口"和"输出端口"列时，可通过数字和输入键进行修改，已经被占用的输出端口不能使用。

区域二包含两个按钮，其具体功能介绍如下。

【设置】按钮：把区域一所显示的配置信息设置生效。

【退出】按钮：返回主界面。[取消]按钮也可返回主界面。

（6）{自定义 I/O} 菜单界面

{自定义 I/O} 菜单界面用来配置输入端口到输出端口的连接关系，如图 1-60 所示。

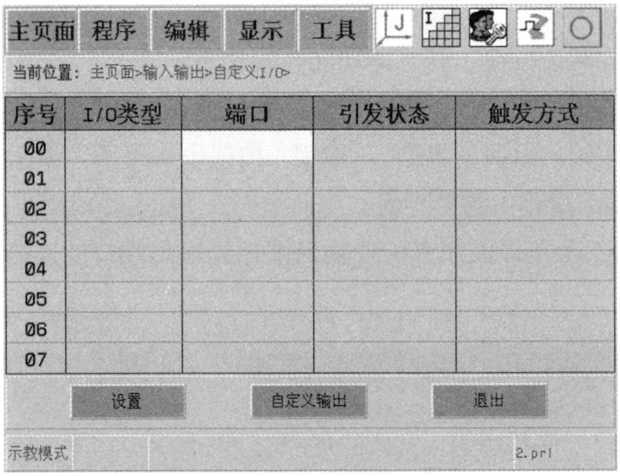

图 1-60　{自定义 I/O} 菜单界面

该界面由两个区域组成，[TAB] 键可以将光标在两个区域之间切换。

区域一由自定义 I/O 的表格组成。

区域二包含三个按钮，其具体功能介绍如下。

【设置】按钮：把区域一的内容设置到系统。

【自定义输入/输出】按钮：自定义输入/输出之间的切换。

【退出】按钮：返回主界面。[取消]按钮也可返回主界面。

6．{示教点}菜单

{示教点}菜单用来查看程序文件的示教点信息。移动光标至{示教点}菜单按[选择]键进入该界面，如图 1-61 所示。

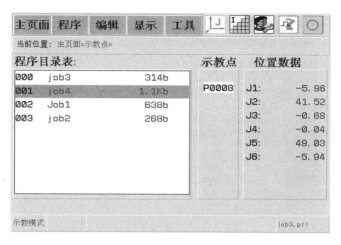

图 1-61 ｛示教点｝菜单界面

该界面由三个区域组成。

区域一,通过文件列表显示出系统所有程序文件信息,通过上下方向键、[翻页] 键、[转换]+ [翻页] 键可以移动光标,浏览程序文件,选择要查看示教点的程序文件。

区域二,显示了区域一光标所指程序文件中所有的示教点。通过上下方向键、[翻页] 键、[转换]+ [翻页] 键可以移动光标,查看该文件中所有的示教点的信息。

区域三,显示区域一选择的程序文件和区域二选择的示教点的各轴信息。若系统配置了外部轴,该区域也会显示对应示教点的外部轴轴值。

光标只能在区域一和区域二之间转换。

按 [取消] 键退出该界面,返回主页面。

7.｛在线帮助｝菜单

｛在线帮助｝菜单有三个子菜单项,移动光标至 ｛在线帮助｝菜单按 [选择]键选择会弹出其子菜单,如图 1-62 所示。

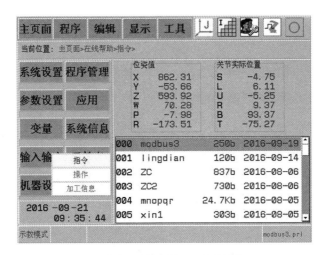

图 1-62 {在线帮助} 菜单界面

弹出子菜单后，光标位置为上次离开该子菜单时的位置。通过上下方向键选择子菜单，[取消]键可关闭离开该子菜单界面。

（1）{指令}菜单界面

{指令}菜单界面用来浏览各个指令的简要说明，如图 1-63 所示。

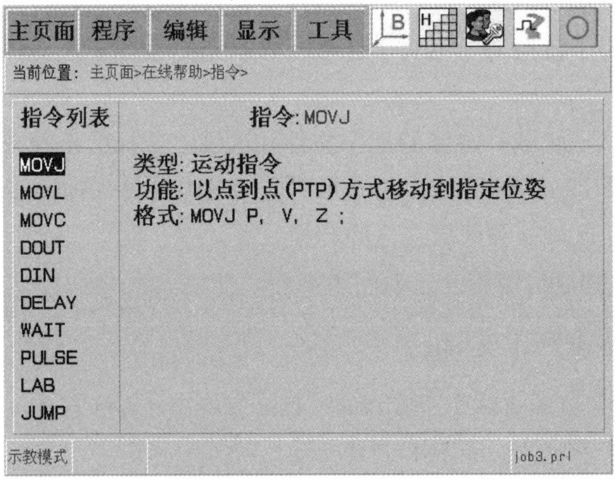

图 1-63 {指令}菜单界面

该界面由两个区域组成。

区域一，显示指令列表，通过 [翻页] 键、[转换] +[翻页] 键、上下方向键可以移动光标，浏览其他指令。

区域二，根据区域一光标指定的指令，显示该指令的简要说明。

按 [取消] 键可退出该界面，返回主页面。

（2）{操作}菜单界面

{操作}菜单界面用来浏览操作说明文档，如图1-64所示。

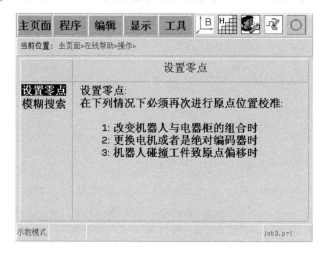

图1-64 {操作}菜单界面

第二章　工业机器人基本操作

第一节　校准绝对零点

一、实训目的

熟悉掌握六轴工业机器人原点的校正、复位操作。

二、实训原理

原点位置校准是指将机器人机械原点位置与电机绝对编码器的绝对值进行对照的操作。原点位置校准后，机器人机械原点位置与绝对编码器的绝对值数据是唯一对应的，也就是说，只有一组编码器的绝对值对应机器人机械原点位置。

一般在出厂时，厂家会全部校正机器人的机械原点。但是在搬运或运输过程中，如果出现手臂被强行掰动，偏移了校正过的原点，就需要重新校正。

三、实训内容与步骤

1. 机器人绝对零点的姿态

机器人绝对零点的剖面图和姿态，如图 2-1 ～图 2-2 所示。

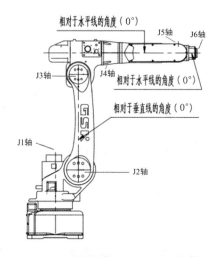

图2-1　机器人绝对零点的剖面图

图2-2　机器人绝对零点的姿态

2.绝对零点位置设置

第一步：使用"关节坐标系"，将机器人示教到图2-2所指定的姿态。

第二步：进入{绝对零点}菜单界面，通过[TAB]按键切换数据区域和功能区域，在数据区域中，当光标处于"是否修改"列时，通过[选择]键进行修改，若选择"是"，则允许对对应轴的绝对零点值进行修改；若选择"否"，则不允许修改。"零点位置值"列显示了当前各个轴的零点值，可通过数值键直接输入新的零点值，或者通过功能区域的【读取】按钮，获取机器人当前所在的位置作为新的零点值，如图2-3所示。

图 2-3　设置绝对零点位置

功能区域包括四个按钮，其具体功能介绍如下。

【读取】按钮：读取当前允许修改轴的实际转角值，并显示在区域一。

【设置】按钮：将区域一显示的值设置为绝对零点位置值。

【全选】按钮：将区域一所有轴的"是否修改"属性全部选择"是"，再次选择该按钮时，则将区域一所有轴的"是否修改"属性全部选择"否"。

【退出】按钮：退出该界面，返回主页面。[取消]键亦可退出。

四、实训报告

写出 GSK-RB08 系列工业机器人绝对零点位置设置的方法。

第二节　工业机器人坐标系及其设定

一、实训目的

熟悉六轴工业机器人各坐标系的意义，掌握其设置方法。

二、实训原理

坐标系是为确定工业机器人的位置和姿态而在工业机器人或空间上进行定义的位置指标系统。本工业机器人坐标系分为关节坐标系、直角坐标系、工具坐标系、用户坐标系、变位机坐标系六种，如图 2-4 所示。

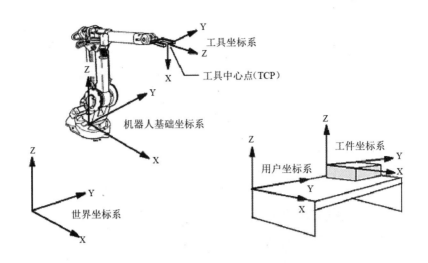

图 2-4　坐标系

关节坐标系：机器人的各轴进行单独动作，称为关节坐标系。

直角坐标系：机器人默认存在的坐标系，在基坐标系下，机器人可沿 X、Y、Z 轴平行移动或绕相应坐标轴旋转。

工具坐标系：把机器人腕部法兰盘所持工具的有效方向作为 Z 轴方向，并把坐标系原点定义在工具的尖端点。

用户坐标系：用户根据机器人所工作的平面自定义的坐标系，机器人可沿所指定的用户坐标系各轴平行移动或绕各轴旋转。

变位机坐标系：主要是方便用户在任何位置和方位摆放变位机后进行示教，设定变位机坐标系后，机器人将以设定的变位机坐标系为中心自动运行。

用户根据不同的编程要求，设置对应的坐标系，以满足各编程的要求。

三、实训内容与步骤

1. 关节坐标系

选择"示教"模式，通过坐标 [切换] 键切换为关节坐标系时，通过 [使能开关] 键 + 轴操作键，可使得机器人在该轴操作键对应的方向运动。在 {主页面} 菜单界面中，位置显示区的"关节实际位置"显示了当前机器人各个关节的角度值，如图 2-5 所示。

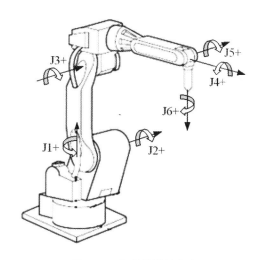

图 2-5　各关节轴的方向

2．直角坐标系

选择"示教"模式,通过坐标切换按键切换为直角坐标系时,通过[使能开关]键 + 轴操作键,可使得机器人在该轴操作键对应的方向运动。在 {主页面} 菜单界面中, 位置显示区的 "位姿值" 显示了当前机器人控制端点 TCP 在直角坐标系下的位置值和姿态值, 如图 2-6 所示。

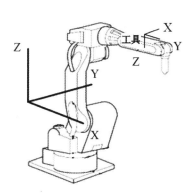

图 2-6　直角坐标系方向

3. 工具坐标系

选择 "示教" 模式,通过坐标切换按键切换为工具坐标系, 按下 [使能开关]键, 通过轴操作键, 可使得机器人控制端点 TCP 在工具标系各个轴的方向移动, 与直角坐标系下的轴操作键类似, 但参考的坐标系不同, 如图 2-7 所示。

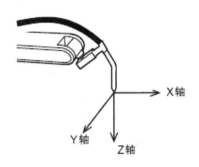

图 2-7　工具坐标系方向

（1）工具坐标系的设定

①直接输入法。在已知工具尺寸等详细参数时，可使用直接输入法，进入"直接输入法设置工具坐标"界面，输入相应项的值即可完成工具坐标系的设定。

②三点法。在工具参数未知的情况下，我们可以采用三点法来进行工具坐标系的设定。

第一步：进入"三点法设置工具坐标"界面。

第二步：将工具中心点分别以三个方向靠近参考点，然后按下 [获取示教点] 键，记录三个原点，这三个原点的值用于计算工具中心点的位置。按下 [获取示教点] 键后，相应的界面会显示当前的坐标值，为取得更好的计算结果，三个方向最好相差 90° 且不能在一个平面上。三个原点可参考图 2-8 的姿态。

（a）原点 1

图 2-8　三种姿态

（b）原点2

（c）原点3

图2-8 三种姿态（续）

第三步：取点过程中如果出现取点错误，可以重新取点。

第四步：选择【设置】按钮，完成工具坐标的三点法设定。

③五点法。在工具参数未知的情况下，我们也可以采用五点法来进行工具坐标系的设定。五点法中，需要获取三个原点和两个方向点。

第一步：进入"五点法设置工具坐标"界面。

第二步：五点法中，需要取三个原点和两个方向点。首先，移动机器人到三个原点，按下 [获取示教点] 键，然后示教机器人沿用户设定的 +X 方向移动至少 250mm，按下 [获取示教点] 键，然后示教机器人沿用户设定的 +Z 方向至少移动 250mm，按下 [获取示教点] 键，记录完成。三个原点姿态和两个方向点的取法如图 2-9 所示。

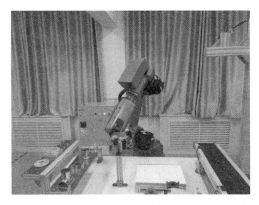

（a）原点 1

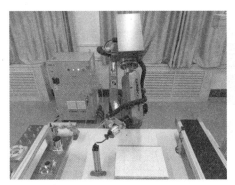

（b）原点 2

（c）原点 3

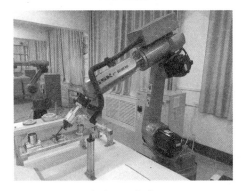

（d）+X 方向

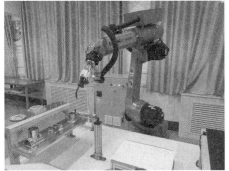

（e）+Z 方向

图 2-9　五点法

第三步：取点过程中如果出现取点错误，可以重新取点。

第四步：选择【设置】按钮，完成工具坐标的五点法设定。

（2）工具坐标检验

工具坐标系设定完成后立即生效。我们可以对其进行检验，具体步骤如下。

①检验 X，Y，Z 的方向设定：

a. 按 [坐标设定] 键，切换坐标系为工具坐标系 $\boxed{\mathsf{T}}$ ；

b. 示教机器人分别沿 X，Y，Z 方向运动，检查工具坐标系的方向设定是否符合要求，如图 2-10 所示。

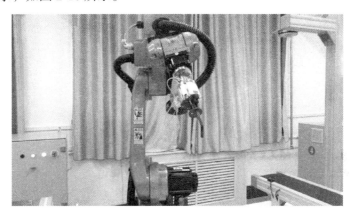

图 2-10　检查工具坐标系的方向设定

②检验工具中心点位置：

a. 按 [坐标设定] 键，切换坐标系到直角坐标系 $\boxed{\mathsf{B}}$ 或工具坐标系 $\boxed{\mathsf{T}}$ ；

b. 移动机器人对准基准点，示教机器人绕 X，Y，Z 轴旋转，检查 TCP 点的位置是否符合要求，如图 2-11 所示。

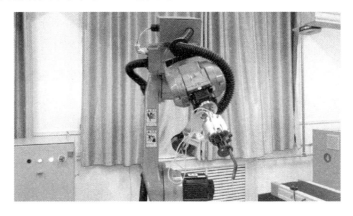

图 2-11　检查 TCP 点的位置

以上检验如偏差不符合要求，则需要按上面步骤进行重新设置。

注意：为了更方便地创建工具坐标系，将光标移动到"原点 1"（或者"原点 2""原点 3""+X 方向点""+Z 方向点")处，可通过 [使能开关]+[前进]/[后退] 组合键，将机器人示教到原点 1（或者原点 2、原点 3、+X 方向点、+Z 方向点）处，即可恢复各个点的位置，进行微小的调节。

4. 用户坐标系

在用户坐标系中，机器人可沿所指定的用户坐标系各轴平行移动或绕各轴旋转。在某些应用场合，在用户坐标系下示教可以简化操作，如图 2-12 所示。

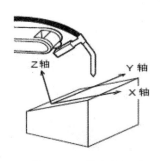

图 2-12　用户坐标系

将 [模式选择] 键选择"示教"模式，通过 [坐标设定] 键，切换系统的动作坐标系为用户坐标系，按下 [使能开关] 键，通过轴操作键，可使得机器人控制端点 TCP 在用户坐标系各个轴的方向移动，与直角坐标系下的轴操作键类似。

（1）用户坐标系设定

关于用户坐标系设定，务必先熟悉示教机器人的操作流程。

1）直接输入法

第一步：进入"直接输入法设置用户坐标"界面。

第二步：这里 X，Y，Z 表示用户坐标系原点在直角坐标系下的位置，W，P，R 表示用户坐标系绕直角坐标系旋转的角度。

第三步：选择【设置】按钮，用户坐标系设置已经生效。

2）三点法

第一步：进入"三点法设置用户坐标"界面。

第二步：移动机器人至用户坐标系的原点，按下 [获取示教点] 键，记录用户坐标系的原点。然后示教机器人沿用户自己希望的 +X 方向移动至少 250mm，按下 [获取示教点] 键，记录 X 方向点，最后示教机器人沿用户自己希望的 +Y 方向移动至少 250mm，按下 [获取示教点] 键，记录 Y 方向点。为保证计算的正确性，在取第三个点，也就是 Y 方向的点时，尽量使其和 +X 方向垂直，并取在用户所期望的工作台平面上，如图 2-13 所示。

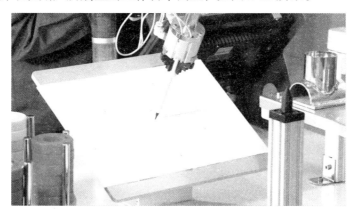

（a）原点

（b）X 方向点

（c）Y 方向点

图 2-13　三点法

第三步：取点过程中如果出现取点错误，可以重新取点。

第四步：选择【设置】按钮，完成用户坐标的三点法设定。

（2）用户坐标系检验

设定用户坐标系，退出用户坐标设置界面后，我们需要对其进行检查，具体步骤如下：

①将机器人的示教坐标系通过 [坐标设定] 键，切换成用户坐标系；

②示教机器人分别沿 X，Y，Z 方向运动，检查用户坐标系的方向设定是否有偏差，若偏差不符合要求，重复设定步骤。

注意：为了更方便地创建用户坐标系，将光标移动到"原点"（或者"X方向点""Y方向点"）处，可通过 [使能开关]+[前进]/[后退] 组合键，将机器人示教到原点（或者 X 方向点、Y 方向点）处，即可恢复各个点的位置，进行微小的调节。

5．变位机坐标系设定

变位机坐标系主要是方便用户在任何位置和方位摆放变位机后进行示教，设定变位机坐标系后，机器人将以设定的变位机坐标系为中心自动运行。变位机坐标系有直接输入法、三点法和五点法。

设定变位机坐标系之前需先设置变位机的配置。若配置无变位机时，不能进行变位机坐标设定；若配置 1 轴变位机时，则只能用直接输入法和三点法进行变位机坐标设定；若配置 2 轴变位机时，则只能用直接输入法和五点法进行变位机坐标设定。

（1）直接输入法

第一步：进入"直接输入法设置变位机坐标"界面。

第二步：通过数值键输入变位机坐标参数，这里 X，Y，Z 表示变位机坐标系原点与机器人基座的位置，W，P，R 表示变位机旋转的角度。

第三步：选择【设置】按钮，这时，变位机坐标系设置已经生效。

注意：若变位机为 2 轴，则需要分别输入 T1 和 T2 的值。在区域一中按 [选择] 键弹出下拉框，选择 T1 或者 T2 进行切换，并进行相应的数值输入和选择【设置】按钮进行设置保存。

（2）三点法

第一步：进入"三点法设置变位机坐标"界面。

第二步：机器人和变位机的相对位置固定后，首先在变位机工作台上标志一个点 P，然后进行示教，具体步骤如下。

①使变位机处于零点，示教机器人移动到 P 点，按 [获取示教点] 键记录下该点位置的位置坐标值 P1{X、Y、Z}，即接近点 1，如图 2-14 所示。

图 2-14　接近点 1

②控制变位机旋转一个角度 a（大于 30°），示教机器人移动到 P 点，按 [获取示教点] 键记录下该点位置的位置坐标值 P2{X、Y、Z}，即接近点 2，如图 2-15 所示；同样，根据此方法可获取位置坐标值 P3，即接近点 3，如图 2-16 所示。

图 2-15　接近点 2

图 2-16　接近点 3

第三步：通过 TAB 键和方向键选择【设置】按钮，完成变位机坐标系的设定。若取点错误，则可以重新标定点。

（3）五点法

第一步：进入"五点法设置变位机坐标"界面。

第二步：机器人和变位机的相对位置固定后，首先在变位机工作台上标志一个点 P 后然后进行示教，具体步骤如下。

①使变位机处于零点，示教机器人移动到 P 点，按 [获取示教点] 键记录下该点位置的位置坐标值 P1{X、Y、Z}，即接近点 1。

②控制变位机 Y 轴正方向旋转一个角度 a（大于 30°），示教机器人移动到 P 点，按 [获取示教点] 键记录下该点位置的位置坐标值 P2{X、Y、Z}，即接近点 2；在 P2 点变位机状态基础下，控制变位机 Y 轴正方向旋转一个角度 a（大于 30°），示教机器人移动到 P 点，按 [获取示教点] 键记录下该点位置的位置坐标值 P3{X、Y、Z}，即接近点 3。

注：五点法中的接近点 1、接近点 2、接近点 3 的对法与三点法中的三个接近点对法一致。

在 P3 点的变位机状态基础下控制变位机 X 轴正方向旋转一个角度 β（大于 30°），示教机器人移动到 P 点，按 [获取示教点] 键记录下该点位置的位置坐标值 P4{X、Y、Z}，即接近点 4，如图 2-17 所示；在 P4 点变位机状态基础下控制变位机 X 轴正方向旋转一个角度 β（大于 30°），示教机器人移动到 P 点，按 [获取示教点] 键记录下该点位置的位置坐标值 P5{X、Y、Z}，即接近点 5，如图 2-18 所示。

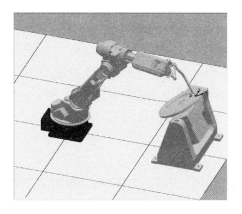

图 2-17　接近点 4

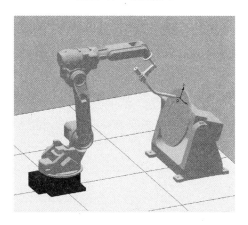

图 2-18　接近点 5

第三步：取完点后，选择【设置】按钮，完成变位机坐标系的设定。若取点过程中如果出现取点错误，可以重新取点。

注意：为了更方便地创建变位机坐标系，将光标移动到"接近点 1"（或者"接近点 2""接近点 3"）处，可通过 [使能开关]+[前进]/[后退] 组合键，将机器人示教到接近点 1（或者接近点 2、接近点 3）处，即可恢复各个点的位置，进行微小的调节。

四、实训报告

① GSK-R08 系列六轴工业机器人有几种坐标系？
②将当前坐标设置为用户坐标 5，并通过三点法设置具体参数。

第三节　示　教

示教，也称示教操作，是指通过示教盒上的轴操作键控制机器人的各个关节，使得机器人末端控制点 TCP 到达笛卡儿空间下的某个位置的过程。该位置也称为示教点。

一、示教点

示教点是指笛卡儿空间中的某个位置点。GR-C 系统用（X，Y，Z，W，P，R）表示一个示教点，其中 X，Y，Z 是指该位置点在笛卡儿坐标系中的具体位置值，W，P，R 是指机器人 TCP 端点在该位置时的方位，也称为姿态。因此，一个示教点确定了机器人 TCP 端点在笛卡儿空间中的位置和姿态。

二、示教前的准备

（一）安全通电

①要确认机器人工作范围内没有干扰机器人运动的人员及物品，以确保操作安全。

②在确保电器设备正常的情况下给机器人控制系统通电。

通电的步骤如下：

a. 接通电源前，检查工作区域包括机器人、控制器等是否正常，检查所有的安全设备是否正常；

b. 将控制柜面板上的电源开关置于 ON 状态；

c. 按下控制柜上绿色的电源键。

（二）安全检查

作为示教前的准备，并出于安全考虑，请先执行以下操作。

①查看系统当前的坐标系，坐标系不同，机器人的运动方向也会不同。

②查看系统当前的速度等级，一般选择"低速"挡，即 。

③确认控制柜和示教盒上的急停按键是否有效：按下控制柜急停键，确认伺服电源是否被切断；按下示教盒上的急停键，确认系统是否进入急停状态。

三、示教操作

示教操作按以下步骤：

①通过 [模式选择] 键，选择"示教"模式；

②通过 [坐标设定] 键，选择合适的坐标，这里选择关节坐标系，即 [J]；

③通过 [手动速度] 键，选择合适的系统速度，这里选择"低速"挡，即 ；

④若系统处于急停状态，则弹起 [急停] 键，清除急停状态；

⑤左手按下 [使能开关] 键，打开使能；

⑥根据目标示教点的位置，按下 [使能开关] 的同时，按下某一个轴操作键，这里按下 [X+][T1+] 中的 [X+] 键，此时机器人在示教模式和关节坐标系下，以低挡的速度，在 J1+ 的方向移动；

⑦松开轴操作键或者 [使能开关] 键，机器人立刻停止运动。若按下 [急停] 键，则机器人立刻停止运动，并切断使能，进入急停状态。

注意：根据目标示教点的具体位置，可选合适的坐标系进行示教，有些示教点可能需要若干次的示教，也可能需要切换若干次的系统坐标系。通过以上示教步骤，可使得机器人 TCP 端点处于工作范围内的任意示教点。

警告：

①示教时请按照"示教前的准备"进行安全确认；

②请选择合适的系统速度、系统坐标系；

③请在机器人的工作范围之外进行示教操作；

④若在机器人的工作范围内进行示教操作，请保持正面面对机器人，并应考虑机器误动作或误操作向自己所处位置运动时的应变方案，确保设置躲避场所，防止人身伤害；

⑤操作不当，可能会引起机器人与周边设备发生碰撞而损坏，甚至可能危及操作人员的安全。

第四节　工业机器人基本操作

程序是机器人语言指令的集合，即程序是由多条指令组成的，且这些指令描述了作业内容，机器人通过运行程序，进而完成作业内容。这是机器人的基本功能。下面列举一个简单的工作内容，如图 2-19 所示。

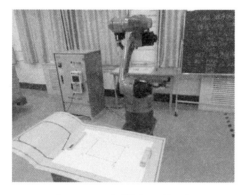

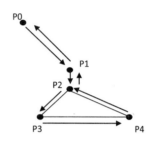

图 2-19　机器人示教实例　　　图 2-20　机器人运行轨迹

要求机器人按照图 2-20 中所示的轨迹 P0 → P1 → P2 → P3 → P4 → P0 进行运动。

一、编辑程序

①新建一个程序，程序名为 sanjiaoxing，进入 { 编辑 } 界面。

②按 [添加] 键，打开指令菜单，如图 2-21 所示。

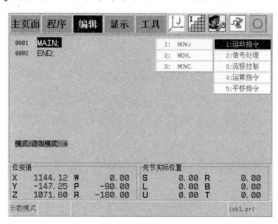

图 2-21　指令菜单

③将光标移动到 MOVJ 指令，如图 2-22 所示。

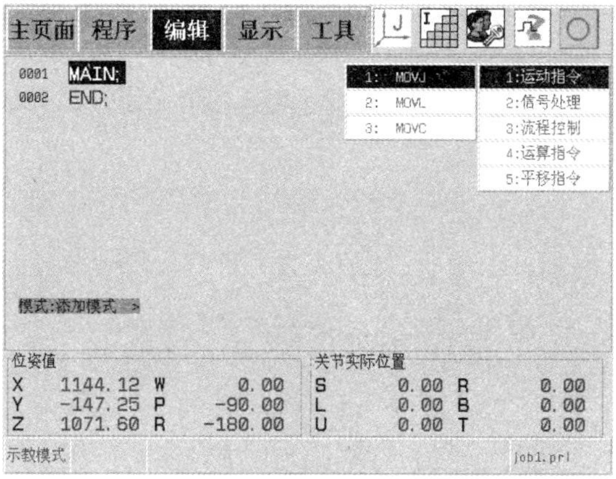

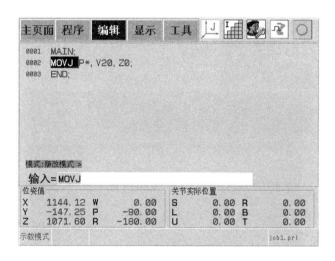

图 2-22　MOVJ 指令

④按 [使能开关]+[选择] 键，将 MOVJ 指令添加到程序中，如图 2-23 所示。

图 2-23　将 MOVJ 指令添加到程序中

⑤通过左右方向键，将光标移动到 MOVJ 指令的 "P*" 处，此时 P* 代表一个示教点，它自动记录下了机器人当前所在的位置，即图 2-20 中的 P0 点，如图 2-24 所示。

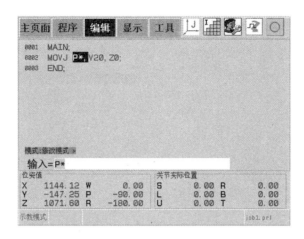

图 2-24　光标在 P* 处

⑥通过数值键，输入 0。

⑦按 [输入] 键，即可将 "P*" 改成 "P0"。此时只是修改了示教点的编号，而此时该文件并没有创建过 P0 点，因此系统会将 P* 的点值赋予 P0，此时指令中的 P0 同样为图 2-20 中 P0 点的位置。

⑧将机器人示教到图 2-20 中的 P1 点处，按 [添加] 键，添加 MOVJ 指令到程序中，如图 2-25 所示。

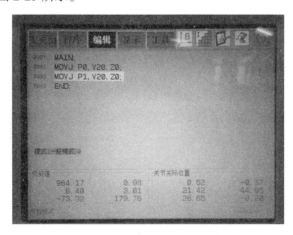

图 2-25　添加 P1 点的位置到程序中

⑨将 MOVJ 指令的 P* 改成 P1，此时 P1 同样记录机器人 TCP 当前所在的位置值，即图 2-20 中的 P1 点。

⑩因为图 2-20 中的三个点 P2，P3，P4 是三角形平面上的点，因此在直角坐标系下示教机器人更加方便，只需在 X，Y 平面上移动机器人即可。通过 [坐

标设定]键，将系统坐标切换到"直角坐标系"进行示教。

⑪通过[使能开关]+[Y+]/[Y-]/[X+]/[X-]键，使示教机器人到达图2-20中的P2点。

⑫通过[添加]键，添加一条MOVL指令，记录下图2-20中P2点的位置，并将MOVL的P*修改成P2，如图2-26所示。

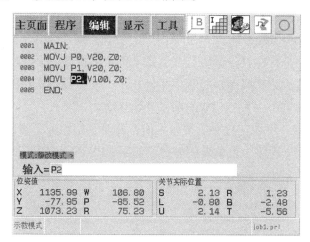

图2-26　添加P2点的位置到程序中

⑬类似地，按顺序将图2-20中的P3，P4点记录在程序中。

⑭此时，机器人处于图2-20中P4点。现在需要让机器人从P4点运动到P0点，但此时也可无须示教移动机器人到图2-20中P0点处，只需再添加一条MOVJ指令，并将"P*"改成"P0"，此时系统出现提示"P0点已存在，是否将P*的位置值赋予P0?"，如图2-27所示。

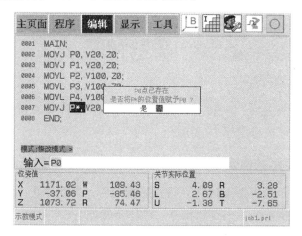

图2-27　机器人回到P0点

因为此时的 P* 点记录的是机器人当前的位置点，即图 2-20 中的 P4 点，现在将 P* 点修改成 P0 点，而 P0 点已经存在值（记录了图 2-20 中 P0 点的位置），因此系统需要询问，是否要更改示教点 P0 点的值，若选择了"是"，则 P0 点所记录的位置不再是图 2-20 中 P0 处的位置了，而是机器人 P* 所代表的位置；若选择了"否"，则 P0 的值不变，依然记录着图 2-20 中 P0 点的位置。这里选择"否"，即该条指令只是引用已经出现过的示教点 P0，而无须再次将机器人示教到图 2-20 中 P0 点处。

⑮此时，整个程序已经编辑完成，该文件中的指令记录了所有工作所需要的示教点，机器人将按顺序执行程序中的指令，即完成了工作的轨迹要求，按 P0 → P1 → P2 → P3 → P4 → P0 的顺序开始运动。

⑯按 [F2] 键，进入｛程序｝菜单界面，此时系统完成了对程序 sanjiaoxing 的保存，并在该｛程序｝菜单界面显示，如图 2-28 所示。

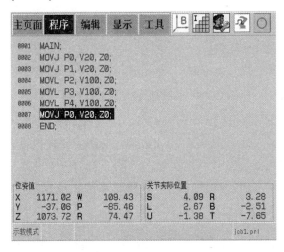

图 2-28 ｛程序｝菜单界面

二、示教检查程序

程序编辑完成之后，一般应示教检查所编辑的程序是否符合工作要求，使机器人一步一步地执行程序中的指令。

（一）单步示教检查

单步示教，是指机器人运行一条程序指令后，自动停止，等待用户的操作才能继续按顺序执行下一条程序指令。具体步骤如下。

①进行安全确认。

②切换系统模式为示教模式、选择合适的系统速度（一般为"低速挡"、清除急停状态）。

③通过 [单段 / 连续] 键，选择"单步"动作循环方式，即 ⎍² 。

④在 { 程序 } 界面中，通过上下方向键，将光标移动到程序第一行指令处，如图 2-29 所示。

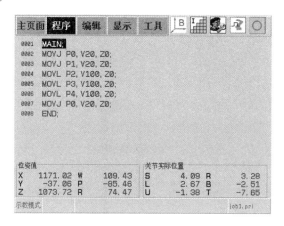

图 2-29 机器人单步示教到第 1 行指令处

⑤按下 [使能开关]+[前进] 键，使机器人单步执行光标所在的指令，即第 1 行指令。

⑥等待系统提示"行：1 运行结束"，此时机器人已执行完第 1 行并自动停止。

⑦松开 [前进] 键，保持 [使能开关] 键按下，再次按下 [前进] 键，光标自动移动到第 2 行指令，并执行，如图 2-30 所示。

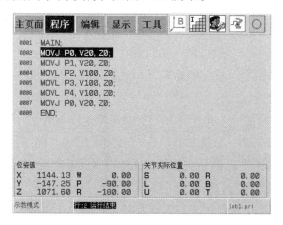

图 2-30 机器人单步示教到第 2 行指令处

⑧同样，等待系统提示"行：2运行结束"，此时机器人已经执行完第2行程序指令，即机器人运动到了图2-20中的P0点处。

⑨松开[前进]键，保持[使能开关]键按下，再次按下[前进]键，光标自动移动到第3行指令，并单步执行，如图2-31所示。

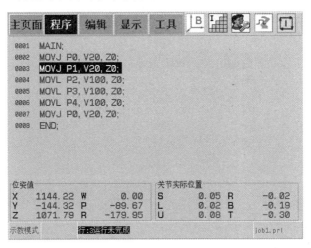

图2-31　机器人单步示教到第3行指令处

⑩同样，等待系统提示"行：3运行结束"，此时机器人已经执行完第3行程序指令，即机器人运动到了图2-20中的P1点处。

此时，若用户需要将机器人示教到P0点处，则松开[前进]键，按下[使能开关]+[后退]键，光标自动移动到第2行指令，并单步执行，即后退示教会使得机器人逆向执行程序，所运行的轨迹也是逆向的。这是前进示教和后退示教的区别。

⑪同样的步骤，继续单步示教完所有程序指令。

注意：

①示教检查程序，是指机器人执行程序指令，按照指令的要求执行，此时系统坐标系不再起作用，系统坐标系只对通过轴操作键示教机器人时起作用；

②操作时注意速度挡，先低速检验，若用户确定了机器人运行轨迹安全可靠，则可通过[手动速度]键进行改变当前系统速度等级；

③当系统还未完成一条指令的执行时，松开[前进]、[后退]或者[使能开关]键，机器人会立刻停止，再一次按下[使能开关]+[前进]\[后退]键示教时，系统继续完成当前指令的执行；

④任何时候按下[急停]键，机器人都会立刻停止，并进入急停状态。

（二）连续示教检查

连续示教，是指机器人运行一条程序指令后，自动运行下一条指令。具体步骤如下。

①进行安全确认。

②使系统切换到示教模式、系统速度为"低挡"、清除急停状态。

③通过 [单段 / 连续] 键，选择"连续"动作循环方式，即 ⊓⊔ 。

④在 { 程序 } 界面中，通过上下方向键，将光标移动到程序第 1 行指令处。

⑤按下 [使能开关]+[前进] 键，使机器人开始连续执行光标所在的指令。

⑥此时机器人每执行一条程序指令结束，自动执行下一条指令，直到程序的结束。

注意：

在连续示教模式下，只有当松开 [使能开关]、[前进] 或者 [后退] 键时，机器人才会停止运行程序，否则一直执行，直到程序结束。

（三）修改程序

在示教检查程序时，若发现程序指令不符合工作要求，需要对程序进行修改，直到符合工作需求。若在上一节示教程序时发现，机器人从 P0 位置到 P1 位置过程中的速度缓慢，则需要将第 3 条 MOVJ 指令的速度属性 V20 改成 V60。具体步骤如下。

①在 { 程序 } 界面，按 [F3] 键，进入 { 编辑 } 界面，将通过上下方向键将光标移动到第 3 行指令处，如图 2-32 所示。

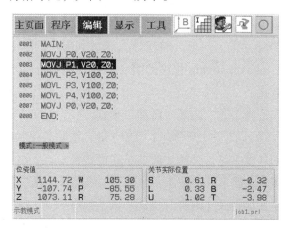

图 2-32 机器人连续示教到第 3 行指令处

②按 [修改] 键，{ 编辑 } 界面进入"修改模式"。

③通过左右方向键，将光标移动到 V20 处，如图 2-33 所示。

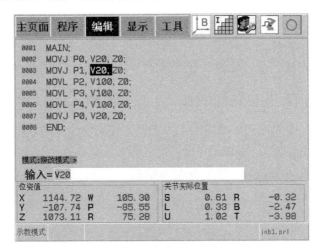

图 2-33　机器人连续示教光标移动到 V20 处

④通过数值键，输入 60，再按 [输入] 键，即可将 V20 改成 V60。

⑤按 [取消] 键，退出修改模式，{ 编辑 } 界面进入"一般模式"。

⑥按 [F2] 键，进入 { 程序 } 界面，系统完成程序修改结果的保存。

⑦在 { 程序 } 界面继续单步或者连续示教检查程序，直到符合工作要求。

（4）再现

再现，是指系统自动执行示教好了的程序，依顺序按照程序中各条指令的要求执行。

具体步骤如下。

①首先进行安全确认。

②再现运行程序之前，一般要将机器人示教到程序的第一个运动点处。进入 { 程序 } 界面，对 sanjiaoxing 程序的第 2 行指令进行前进示教，使机器人到达图 2-20 中的 P0 点。

③通过 [模式选择] 键，选择"再现"模式。

④若系统处于急停状态，则弹起 [急停] 键，清除急停状态。

⑤通过 [手动速度] 键，选择"低挡"速度等级。

⑥按 [伺服准备] 键，打开使能，此时 [伺服准备] 键左上角的灯亮起（示教模式下，按下 [使能开关] 键打开使能，而再现模式下，则通过 [伺服准备] 键打开使能）。

按 [启动] 键，此时 [启动] 键灯亮起，此时系统开始再现运行程序

juxing，机器人也在按照程序指令所记录的示教点位置运动。此时屏幕右上方的系统状态区域显示系统正在运行的状态，即 。

⑦若在程序尚未运行结束时，按[暂停]键，此时[暂停]键灯亮起，系统运行状态变为 。系统暂停执行程序指令，机器人也立刻停止移动。再一次按[启动]键，则系统继续运行剩下的指令，系统的运行状态变为 。

⑧若在程序尚未运行结束时，按[急停]键，此时系统进入急停状态，机器人停止运动，系统运行状态变为 。若要继续再现运行程序，则需要从步骤1开始。

⑨当系统执行到程序结束时，机器人自动停止运动，系统运动状态为 。

第三章　工业机器人指令

机器人指令由运动指令、信号处理指令、流程控制指令、运算指令和平移指令组成。

第一节　操作符

指令输入中需要用到的操作符主要有关系操作符、运算操作符和一些特殊符号。

一、关系操作符

==　等值比较符号，相等时为 TRUE，否则为 FALSE

>　大于比较符号，大于时为 TRUE，否则为 FALSE

<　小于比较符号，小于时为 TRUE，否则为 FALSE

>=　大于或等于比较符号，大于或等于时为 TRUE，否则为 FALSE

<=　小于或等于比较符号，小于或等于时为 TRUE，否则为 FALSE

<>　不等于符号，不等于为 TRUE，否则为 FALSE

二、运算操作符

=　变量赋值

+　两数相加

-　两数相减

第二节　运动指令

运动指令由 MOVJ 指令、MOVL 指令和 MOVC 指令组成。

一、MOVJ 指令

功能：

以点到点（PTP）方式移动到指定位姿。

格式：

MOVJ　位姿变量名，P*<示教点号>，V<速度>，Z<精度>，E1<外部轴 1>，E2<外部轴 2>，EV<外部轴速度>。

参数：

①位姿变量名：指定机器人的目标姿态，P* 为示教点号，系统添加该指令默认为"P*"，可以编辑 P 示教点号，范围为 P0～P999。

②V<速度>：指定机器人的运动速度，这里的运动速度是指与机器人设定的最大速度的百分比，取值范围为 1%～100%。

③Z<精度>：指定机器人的精确到位情况，这里的精度表示精度等级。目前只有 0～4 五个等级。Z0 表示精确到位，Z1～Z4 表示关节过渡。

④E1 和 E2 分别代表使用了外部轴 1、外部轴 2，可单独使用，也可复合使用。

⑤5.EV 表示外部轴速度，若为 0，则机器人与外部轴联动，若非 0，则为外部轴的速度。

说明：

①当执行 MOVJ 指令时，机器人以关节插补方式移动。

②移动时，机器人从起始位姿到结束位姿的整个运动过程中，各关节移动的行程相对于总行程的比例是相等的。

③.MOVJ 和 MOVJ 过渡时，过渡等级 Z1～Z4 结果一样，当 MOVJ 与 MOVL 或 MOVC 之间进行过渡时，过渡等级 Z1～Z4 才起作用。

示例：

```
MAIN；
MOVJ　P*，V30，Z0；
MOVJ　P*，V60，Z1；
MOVJ　P*，V60，Z1；
END；
```

二、MOVL 指令

功能：

以直线插补方式移动到指定位姿。

格式：

MOVL　位姿变量名，P*<示教点号>，V<速度>，Z<精度>/CR<半径>，E1<外部轴 1>，E2<外部轴 2>，EV<外部轴速度>；

参数：

①位姿变量名：指定机器人的目标姿态，P* 为示教点号，系统添加该指令默认"P*"，可以编辑 P 示教点号，范围为 P0 ～ P999。

②V<速度>：指定机器人的运动速度，取值范围为 0 ～ 9999mm/s，为整数。

③Z<精度>：指定机器人的精确到位情况，这里的精度表示精度等级。目前有 0 ～ 4 五个等级，Z0 表示精确到位，Z1 ～ Z4 表示直线过渡，精度等级越高，到位精度越低。

CR<半径>表示直线以多少半径过渡，与 Z 不能同时使用，半径的范围为 1 ～ 6553.5mm。

④E1<外部轴 1>、E2<外部轴 2>：指定机器人使用的外部轴 1、外部轴 2，可单独使用，也可复合使用。

⑤EV<外部轴速度>：指定机器人的外部轴速度，若为 0，则机器人与外部轴联动，若非 0，则为外部轴的速度。

说明：

当执行 MOVL 指令时，机器人以直线插补方式移动。

示例：

MAIN；

MOVJ　P*，V30，Z0；// 表示精确到位

MOVL　P*，V30，Z0；// 表示精确到位

MOVL　P*，V30，Z1；// 表示用 Z1 的直线过渡

END；

三、MOVC 指令

功能：

以圆弧插补方式移动到指定位姿。

格式：

MOVC　位姿变量名，P*<示教点号>，V<速度>，Z<精度>，E1<外部轴1>，E2<外部轴2>，EV<外部轴速度>；

参数：

①位姿变量名：指定机器人的目标姿态，P* 为示教点号，系统添加该指令默认为"P*"，可以编辑 P 示教点号，范围为 P0 ～ P999。

② V<速度>：指定机器人的运动速度，取值范围为 0 ～ 9999 mm/s，为整数。

③ Z<精度>：指定机器人的精确到位情况，这里的精度表示精度等级，范围为 0 ～ 4。

④ E1，E2，EV 同其他运动指令类似。

说明：

①当执行 MOVC 指令时，机器人以圆弧插补方式移动。

②三点或以上确定一条圆弧，小于三点系统报警。

③直线和圆弧之间、圆弧和圆弧之间都可以过渡，即精度等级 Z 可为 0 ～ 4。

注：执行第一条 MOVC 指令时，以直线插补方式到达。

示例：

MAIN；	// 程序头
MOVJ　P1，V30，Z0；	// 程序起始点
MOVC　P2，V50，Z1；	// 圆弧起点
MOVC　P3，V50，Z1；	// 圆弧中点
MOVC　P4，V60，Z1；	// 圆弧终点
END；	// 结束程序

第三节　信号处理指令

信号处理指令由 DOUT 指令、WAIT 指令、DELAY 指令、DIN 指令、PULSE 指令和 AOUT 指令组成。

一、DOUT 指令

功能：

数字信号输出 I/O 置位指令。

格式：

DOUT　OT<输出端口>，ON/OFF，STARTP/ENDP，DS/T<时间（sec）>；

DOUT　OG<输出端口组号>，<变量/常量>；

参数：

①<输出端口>：指定需要设置的 I/O 端口，范围为 0 ～ 1023。

② ON/OFF：设置为 ON 时，相应 I/O 置 1，即高电平；设置为 OFF 时，相应 I/O 置 0，即低电平。

③<输出端口组号>：指定需要设置的输出组端口，范围为 0 ～ 15。

④ STARTP/ENDP：相对于起点还是终点。STARTP 是相对于该指令前的运动指令来说的，ENDP 是相对于该指令后的运动指令来说的。

⑤ DS<距离（mm）>：相对于起点或者终点的距离值。

⑥ T<时间（sec）>：相对于起点或终点的时间值。

⑦<变量/常量>：可以是常量，B<变量号>，I<变量号>，D<变量号>，R<变量号>。变量号的范围为 0 ～ 99。

示例：

MAIN；

MOVL　P2，V30，Z0；

DOUT　OT16，ON，STARTP，DS100；// 当离 P2 目标点 100mm 的距离时，
　　　　　　　　　　　　　　　　　　　　　输出端口 "16" 将置 ON

MOVL　P3，V30，Z0；

DOUT　OT16，OFF，ENDP，DS100；// 当离 P4 目标点 100mm 的距离时，
　　　　　　　　　　　　　　　　　　　　　输出端口 "16" 将置 OFF

MOVL　P4，V30，Z0；

END；

二、WAIT 指令

功能：

在设定时间内等待外部信号状态执行相应功能。

格式：

WAIT　IN<输入端口号>，ON/OFF，T<时间（sec）>LAB<标号>；

WAIT　IG<输入端口组号>，<变量/常量>，T<时间（sec）>LAB<标号>；

参数：

① IN<输入端口号>：指定相应的输入端口，范围为 0 ～ 1023。

② IG< 输入端口组号 >：指定相应的输入组端口，范围为 0 ～ 15。

③ < 变量 / 常量 >：可以是常量，B< 变量号 >，I< 变量号 >，D< 变量号 >，R< 变量号 >，LR< 变量号 >：变量号的范围为 0 ～ 99。

④ T< 时间（sec）>：指定等待时间，单位为秒，范围为 0.0 ～ 900.0 s。

LAB< 标号 >：当条件不满足，跳转至指定标号。

说明：

编辑 WAIT 指令时，若等待时间 T=0（s），则 WAIT 指令执行时，会等待无限长时间，直至输入信号的状态满足条件；若 T>0（s）时，则 WAIT 指令执行时在等待相应的时间 T 而输入信号的状态未满足条件时，程序会继续按顺序执行。

示例：

MAIN；

WAIT　IN16，ON，T3；// 在执行该指令时，若是在 3 秒内接收到 IN 16=
　　　　　　　　　　　ON 时，程序马上按顺序运行，若是 3 秒内，等
　　　　　　　　　　　不到 IN 16=ON 时，程序也会按顺序执行

MOVL　P1，V30，Z0；// 移动到示教点 P1

WAIT IN16，ON，T0；　// 一直等待输入信号 IN16 的状态满足条件后程序
　　　　　　　　　　　往下执行

MOVL　P2，V30，Z0；// 移动到示教点 P2

END；

三、DELAY 指令

功能：

使机器人延时运行指定时间。

格式：

DELAY　T< 时间（sec）>；

参数：

T< 时间（sec）>：指定延迟时间，单位为秒，范围为 0.0 ～ 900.0 s。

示例：

MAIN；

MOVJ　P1，V60，Z0；

DELAY　T5.6；// 延时 5.6 秒后结束程序

END；

四、DIN 指令

功能：

把输入信号状态读入变量中。

格式：

DIN　< 变量 >，IN< 输入端口号 >；

DIN　< 变量 >，IG< 输入组号 >；

参数：

①< 变量 >: 可以是 B< 变量号 >，I< 变量号 >，D< 变量号 >，R< 变量号 >。变量号的范围为 0 ～ 99。

② IN< 输入端口号 >：范围为 0 ～ 1023。

③ IG< 输入组号 >：范围为 0 ～ 15。

④ IG< 输入组号 >：范围根据具体应用协议而定。

示例：

MAIN；	// 程序开始
LAB0	// 标签 0
DIN　R1，IN0；	// 把 IN0 的状态储存到变量 R1 中
JUMP　LAB1，IF R1 == 0；	// 当 R1 等于 0 程序跳转到标签 1 结束程序，不等于 0 时程序顺序执行
DELAY T5	// 延时 5 秒
DIN　R1，IG0；	把组输入的第 0 组二进制信号数据，储存到十进制数变量 R1 中
LAB1	// 标签 1
END；	// 结束程序

五、PULSE 指令

功能：

输出一定宽度的脉冲信号，作为外部输出信号。

格式：

PULSE　OT< 输出端口 >，T< 时间（sec）>；

参数：

① OT< 输出端口 >：范围为 0 ～ 1023。

② T< 时间（sec）>：指定脉冲时间宽度，单位为秒，范围为 0.0 ～ 900.0s。

六、AOUT 指令

功能：

模拟信号输出指令。

格式：

AOUT　AO< 输出端口 >，常数；

参数：

① AO< 输出端口 >：指定需要设置输出的模拟端口，范围为 0 ～ 3。

②常数：指定输出的模拟值，范围 0 ～ 10。

特别注意：此指令在焊接应用方式下无效。

第四节　流程控制指令

流程控制指令由 IF 指令、LAB 指令、JUMP 指令、# 注释指令、END 指令、CALL 指令、RET 指令、ENDIF 指令、UTOOL 工具坐标系指令和 UFRAME 用户坐标系指令组成。

一、IF 指令

功能：

条件判断是否进入 IF 跟 ENDIF 之间的语句。

格式：

IF　< 变量 / 常量 >< 比较符 >< 变量 / 常量 >；

参数：

①< 变量 / 常量 >：可以是常量，B< 变量号 >，I< 变量号 >，D< 变量号 >，R< 变量号 >。变量号的范围为 0 ～ 99。

②比较符：指定比较方式，包括 ==、>=、<=、>、< 和 <>。

说明：

在与 ENDIF 指令配合使用时，IF 与 ENDIF 指令之间不能嵌套其他跳转指令，并且多个 IF 指令只能配对最先出现的那个 ENDIF 指令。

示例：

MAIN：　　　　　　　　// 程序开始；

IF　I0>=0；　　　　　　// 当 I0 满足条件时执行运动指令 MOVJ　P0，
　　　　　　　　　　　　　不满足条件跳过 P0 点结束程序；

MOVJ　P0，V20，Z0；　　　// 移动到示教点 P0 点；

ENDIF　　　　　　　　　　// 结束 IF 指令的条件；

END；　　　　　　　　　　// 结束程序；

二、LAB 指令

功能：

标明要跳转到的语句。

格式：

LAB< 标号 >：

参数：

< 标号 >：定标签号，范围为 0 ～ 99。

说明：

与 JUMP 指令配合使用，标签号不允许重复，最多能用 100 个标签。

示例：

MAIN；

LAB1：　　　　　　　　　　// 标签 1

MOVL　P1，V60，Z0；

MOVL　P2，V60，Z0；

JUMP　LAB1；　　　　　　// 跳转到标签 1

END；

三、JUMP 指令

功能：

跳转到指定标签。常与 LAB 指令配对使用。

格式：

JUMP　LAB< 标签号 >；

JUMP　LAB< 标签号 >，IF　< 变量 / 常量 >< 比较符 >< 变量 / 常量 >；

JUMP　LAB< 标签号 >，IF　IN< 输入端口 >< 比较符 ><ON/OFF>；

参数：

① LAB< 标签号 >：指定标签号，取值范围为 0 ～ 999。

②< 变量 / 常量 >：可以是常量，B< 变量号 >，I< 变量号 >，D< 变量号 >，R< 变量号 >。变量号的范围为 0 ～ 99。

③比较符：指定比较方式，包括 ==、>=、<=、>、< 和 <>。

89

④ IN< 输入端口 >：指定需要比较的输入端口，取值范围为 0 ～ 31。

说明：

① JUMP 指令必须与 LAB 指令配合使用，否则程序报错"匹配错误：找不到对应的标签"；

②当执行 JUMP 语句时，如果不指定条件，则直接跳转到指定标号；若指定条件，则需要符合相应条件后跳转到指定标号，如果不符合相应条件则直接运行下一条语句。

示例：

MAIN;	// 程序开始
LAB1：	// 标签 1
SET B1，0;	// 将 B1 变量清零
LAB0：	// 标签 0
MOVJ P1，V30，Z0;	// 移动到示教点 P1
MOVL P2，V30，Z0;	// 移动到示教点 P2
INC B1;	// 每运行一次该指令变量 B1 的数值加一
JUMP LAB0，IF B1 <=5;	// 当 B1 满足条件时跳转至标签 0，不满足条件则按顺序执行
JUMP LAB1，IF IN1 ==ON;	// 当 IN1 满足条件时跳转到标签 1，不满足条件则按顺序执行
END;	// 结束程序

四、# 指令

功能：

注释语句。

格式：

< 注释语句 >

说明：

①前面添加"#"指令，不执行该程序行。

②对已经被注释的指令进行注释，则可取消该指令的注释状态，即反注释。

五、END 指令

功能：

程序结束。

格式：

END；

说明：

程序运行到程序段 END 时停止示教检查或再现运行状态，其后面有程序不被执行。

示例：

MAIN；

MOVL　P1，V30，Z0；

END；

MOVL　P2，V30，Z0；

END；

六、CALL 指令

功能：

调用指定程序，最多 8 层，不能嵌套调用。

格式：

CALL　JOB；

CALL　JOB，IF　<变量/常量><比较符><变量/常量>；

CALL　JOB，IF　IN<输入端口><比较符><ON/OFF>；

说明：

①JOB：程序文件名称。

②<变量/常量>：可以是常量，B<变量号>，I<变量号>，D<变量号>，R<变量号>。变量号的范围为 0～99。

③比较符：指定比较方式，包括 ==、>=、<=、>、< 和 <>。

④IN<输入端口>：指定需要比较的输入端口，取值范围为 0～31。

示例：

MAIN；

MOVJ　P1，V100，Z0；

CALL　JOB；　　//调用 JOB 程序

END；

七、RET 指令

功能：

子程序调用返回。

格式：

RET ；

说明：

在被调用程序中出现，运行后将返回调用程序，否则将在 RET 行结束程序的运行。

示例：

MAIN ；

MOVJ　P1，V60，Z0；

RET ；　　　　　　　　　　　　　// 返回主程序

END ；

八、ENDIF 指令

功能：

结束 IF 指令。

格式：

ENDIF ；

说明：

多个 IF 指令只能对应一个 ENDIF 指令。

九、UTOOL 工具坐标系指令

功能：

指定所用的工具坐标系标号。

格式：

UTOOL　NUM< 变量名 >；

参数：

NUM< 变量名 >：指定工具坐标系编号，范围为 0 ～ 9。

示例：

MAIN；

UTOOL　NUM0；

MOVJ　P0，V20，Z0；

END；

十、UFRAME 用户坐标系指令

功能：

指定所用的用户坐标系标号。

格式：

UFRAME NUM< 变量名 >；

参数：

NUM< 变量名 >：指定用户坐标系标号，范围为 0 ～ 9。

说明：

①在编写机器人轨迹时，开始就要描写正确的 UFRAME 与 UTOOL，在子程序调用中，需要切换不同的 UTOOL 时，值也会随之发生改变。换言之，在编写一段轨迹之后，若修改 UFRAME 与 UTOOL 数值，这段轨迹也将发生改变，机器人所有的轨迹姿态也将发生变化。

示例：

MAIN；

UTOOL　NUM1；

UFRAME　NUM3；

MOVJ　P0，V20，Z0；

END；

第五节　运算指令

运算指令由算术运算指令和逻辑运算指令组成。

运算指令主要对系统变量进行算术运算和逻辑运算操作。系统变量可分为全局变量和局部变量两种。全局变量包括全局字节型变量（B）、全局整数型变量（I）、全局双精度型变量（D）、全局实数型变量（R），全局笛卡尔位姿变量（PX），所有程序文件共享这些变量。

各个程序文件中的局部变量相互独立。主菜单中的 { 变量 } 菜单显示了全局变量的信息，若要查看局部变量值的信息，可先将局部变量的值赋予相应的全局变量，然后再通过 { 变量 } 菜单查看。

一、算术运算指令

算术运算指令由 INC 指令、DEC 指令、ADD 指令、SUB 指令、MUL 指令、DIV 指令、SET 指令、SETE 指令、GETE 指令组成。

（一）INC 指令

功能：

在指定操作数的值上加 1。

格式：

INC　＜操作数＞；

参数：

＜操作数＞：可以是 B＜变量号＞，I＜变量号＞，D＜变量号＞，R＜变量号＞。变量号的范围为 0 ～ 99。

示例：

MAIN；

LAB1；

DELEY　T0.5；

INC　R0；　　　　　　　　// 每运行一次该指令 R0 里面的数值会加 1

JUMP　LAB1；

END；

（二）DEC 指令

功能：

在指定操作数的值上减 1。

格式：

DEC　＜操作数＞；

参数：

＜操作数＞：可以是 B＜变量号＞，I＜变量号＞，D＜变量号＞，R＜变量号＞。变量号的范围为 0 ～ 99。

示例：

MAIN；

LAB1；

DELEY　T0.5；

DEC　R0；　　　　　　　　// 每运行一次该指令 R0 里面的数值会减 1

JUMP　LAB1;

END;

（三）ADD 指令

功能：

把操作数 1 与操作数 2 相加，结果存入操作数 1 中。

格式：

ADD　＜操作数 1＞，＜操作数 2＞;

参数：

①＜操作数 1＞：可以是 B＜变量号＞，I＜变量号＞，D＜变量号＞，R＜变量号＞。变量号的范围为 0～99。

②＜操作数 2＞：可以是常量，B＜变量号＞，I＜变量号＞，D＜变量号＞，R＜变量号＞。变量号的范围为 0～99。

示例：

SET　B0，5;　　　　// 将 B0 置 5

SET　B1，2;　　　　// 将 B1 置 2

ADD　B0，B1;　　　// 此时 B0 的值为 7

（四）SUB 指令

功能：

把操作数 1 与操作数 2 相减，结果存入操作数 1 中。

格式：

SUB　＜操作数 1＞，＜操作数 2＞;

参数：

＜操作数 1＞，＜操作数 2＞与 ADD 指令一样。

示例：

SET　B0，5;　　　　// 将 B0 置 5

SET　B1，2;　　　　// 将 B1 置 2

SUB　B0，B1;　　　// 此时 B0 的值为 3

（五）MUL 指令

功能：

把操作数 1 与操作数 2 相乘，结果存入操作数 1 中。

格式：

MUL　＜操作数 1＞，＜操作数 2＞；

参数：

＜操作数 1＞，＜操作数 2＞与 ADD 指令一样。

示例：

SET　B0，5；　　　// 将 B0 置 5

MUL　B0，2；　　　// 此时 B0 的值为 10

（六）DIV 指令

功能：

把操作数 1 除以操作数 2，结果存入操作数 1 中。

格式：

DIV　＜操作数 1＞，＜操作数 2＞；

参数：

＜操作数 1＞，＜操作数 2＞与 ADD 指令一样。

示例：

SET　B0，6；　　　// 将 B0 置 6

DIV　B0，2；　　　// 此时 B0 的值为 3

（七）SET 指令

功能：

把操作数 2 的值赋给操作数 1。

格式：

SET　＜操作数 1＞，＜操作数 2＞；

参数：

＜操作数 1＞，＜操作数 2＞与 ADD 指令一样。

示例：

SET　B0，5；　　　// 将 B0 置 5

（八）SETE 指令

功能：

把操作数 2 变量的值赋给笛卡尔位姿变量中的元素。

格式：

SETE　PX＜变量号＞（元素号），操作数 2；

参数：

① <变量号>：范围 0 ～ 99。

② <元素号>：范围 0 ～ 6，0 表示给 P 变量全部元素赋同样的值。

③ <操作数 2>：可以是 D< 变量号 >，或者是双精度整数型常量。

示例：

SET　D0，6;

SETE　PX1（0），D0;　　　// 此时 PX1 变量的 X=6，Y=6，Z=6，W=6，

　　　　　　　　　　　　　　　 P=6，R=6

SETE　PX1（6），3;　　　// 此时 PX1 变量的 X=6，Y=6，Z=6，W=6，

　　　　　　　　　　　　　　　 P=6，R=3

（九）GETE 指令

功能：

把笛卡尔位姿变量中的元素的值赋给操作数 1。

格式：

GETE　 <操作数 1>， PX< 变量号 >（元素号）;

参数：

① <变量号>：范围 0 ～ 99。

② <元素号>：范围 1 ～ 6。

③ <操作数 1>：D< 变量号 >。

示例：

SET　D0，6;

SETE　PX1（0），D0;　　　// 此时 PX1 变量的 X=6，Y=6，Z=6，W=6，

　　　　　　　　　　　　　　　 P=6，R=6

SETE　PX1（6），3;　　　// 此时 PX1 变量的 X=6，Y=6，Z=6，W=6，

　　　　　　　　　　　　　　　 P=6，R=3

GETE　D0，PX1（6）; 　// 此时 D0=3

二、逻辑运算指令

逻辑运算指令由 AND 指令、OR 指令、NOT 指令、XOR 指令组成。

（一）AND 指令

功能：

把操作数 1 与操作数 2 相逻辑与，结果存入操作数 1 中。

格式：

AND ＜操作数 1＞，＜操作数 2＞;

参数：

①＜操作数 1＞：是 B＜变量号＞，变量号的范围为 0 ～ 99 。

②＜操作数 2＞：可以是常量，也可以是 B＜变量号＞，变量号的范围为 0 ～ 99 。

示例：

SET B0，5;   // （0000 0101）2

AND B0，6;   // （0000 0101）2&（0000 0110）2 ＝（0000 0100）2＝（4）10，此时 B0 的值为 4

（二）OR 指令

功能：

把操作数 1 与操作数 2 相逻辑或，结果存入操作数 1 中。

格式：

OR ＜操作数 1＞，＜操作数 2＞;

参数：

＜操作数 1＞，＜操作数 2＞与 AND 指令一样。

示例：

SET B0，5;   // （0000 0101）2

OR B0，6;   // （0000 0101）2|（0000 0110）2 ＝（0000 0111）2＝（7）10，此时 B0 的值为 7

（三）NOT 指令

功能：

取操作数 2 的逻辑非，结果存入操作数 1 中。

格式：

NOT ＜操作数 1＞，＜操作数 2＞;

参数：

＜操作数 1＞，＜操作数 2＞与 AND 指令一样。

示例：

SET B0，5;   // （0000 0101）2

NOT B0，B0;   // ～（0000 0101）2＝（1111 1010）2＝（250）10，此时 B0 的值为 250

（四）XOR 指令

功能：

把操作数 1 与操作数 2 相逻辑异或，结果存入操作数 1 中。

格式：

XOR　＜操作数 1＞，＜操作数 2＞；

参数：

＜操作数 1＞，＜操作数 2＞与 AND 指令一样。

示例：

SET　B0，5；　　　//（0000 0101）2

XOR　B0，6；　　　//（0000 0101）2^（0000 0110）2=（0000 0011）2=（3）
　　　　　　　　　　　10，此时 B0 的值为 3

第六节　平移指令

平移指令由 SHIFTON 指令、SHIFTOFF 指令、MSHIFT 指令和 PX 平移量组成。

一、SHIFTON 指令

功能：

指定平移开始及平移量，与 SHIFTOFF 指令成对使用。

格式：

SHIFTON　PX＜变量名＞；

参数：

PX＜变量名＞：指定平移量，范围为 0 ～ 99。

说明：

①PX 变量可以在 { 笛卡尔位姿 } 菜单界面中设置。

②平移量"PX＜变量名＞"为一个多维度及方向的矢量，在平移开始与结束之间的移动指令都会移动这个矢量值。

示例：

MAIN；

SHIFTON　PX1；　　　　　//指定平移开始及平移量 PX1

MOVL　P1，V20，Z0；　　//把 P1 点平移到新的目标点，移动量为平移

　　　　　　　　　　　量 PX1
SHIFTOFF；　　　　　　// 结束平移标识
END；

二、SHIFTOFF 指令

功能：

结束平移标识，与 "SHIFTON　PX< 变量名 >" 成对使用。

格式：

SHIFTOFF；

说明：

SHIFTOFF 语句后的运动指令不具有平移功能。

示例：

MAIN；

SHIFTON　PX1；

MOVC　P2，V50，Z1；

MOVC　P3，V50，Z1；

MOVC　P4，V50，Z1；

SHIFTOFF；

END；

三、MSHIFT 指令

功能：

通过指令获取平移量（矢量）。平移量为第一个示教点位置值减第二个示教点位置值之差。

格式：

MSHIFT　PX< 变量名 >，P< 变量名 1>，P< 变量名 2>；

参数：

① PX< 变量名 >：指定平移量的变量序号范围为 0 ～ 99。

② P< 变量名 1>：获取第一个示教点，变量名 1 为示教点号，范围为 P0 ～ P999。

③ P< 变量名 2>：获取第二个示教点，变量名 2 为示教点号，范围为 P0 ～ P999。

说明：

通过两个示教点位置值相减的方式可精确计算出平移量，避免手动设置产生的误差。

示例：

通过 MSHIFT 指令把示教点从 P1 点平移至 P4 点。

```
MAIN;                          // 程序开始
R1=0;                          // 将变量 R1 清零
MSHIFT  PX0，P001，P002；       // 获取平移量
PX1=PX1 – PX1；                 // 将平移量 PX1 清零
LAB2：                         // 标签二
SHIFTON  PX1；                  // 平移开始
MOVL  P1，V10，Z0；             // 移到示教点一
SHIFTOFF；                      // 平移结束
PX1=PX1 + PX0；                 // 每次多加 PX0 的平移量
INC  R1；                       // 计算变量 R1 每次加一
JUMP  LAB2，IF  R1< 3；         // 控制平移四次
END；                           // 程序结束
```

第四章 工业机器人指令的基本应用

第一节 任务：写字演示——中国梦

随着世界各国纷纷进入工业智能化时代，即工业 4.0 时代，我国迫切需要进行产业转型升级，以使我国的经济发展从传统制造业向先进智能制造业方向发展。另外，随着工业企业和服务业以及农业生产劳动力成本的上升，各类机器人应运而生。我国开始进入"机器换人"的时代，例如，工业方面出现了工业机器人、药物高速分拣机器人、码垛、搬运机器人，服务方面出现了扫地机器人、刀削面机器人，农业方面出现了遥控旋耕机耕地、无人机喷施农药、大型无人节水灌溉机，等等。

一、教学目标

1. 知识目标

了解机器人安全操作规程。

2. 能力目标

①掌握机器人的开机、示教、再现操作。
②会正确使用示教器和控制柜上的急停键。

3. 情感目标

通过观看工业机器人书写毛笔字，提高学生本专业的学习兴趣。

二、教学重点

了解工业机器人安全操作规程，掌握机器人的开机、示教、再现操作。

三、教学任务

写字演示——中国梦。

四、任务分析

对已有程序进行再现操作演示。

五、实训步骤

①演示前的准备：准备书写工具、铺纸、砚台、墨汁及其他实验用具。

②开机：总电源开关→控制柜电源开关→控制柜启动按钮。

③急停解除和验证：控制柜、示教器。

④打开文件：在示教器主页面上打开已编好的写字程序"zhonggm.prl"（中国梦）。

⑤示教——单步／连续运行：使能开关＋前进／后退。

⑥再现：a.再现；b.伺服准备；c.启动；d.从安全点启动运行；e.速度选择，微动／低速／中速／高速／超高速运行。

实训现场如图 4-1 所示。

图 4-1　写字演示——中国梦

六：小知识

六轴工业机器人示教器故障报警提示界面，如图 4-2 所示。

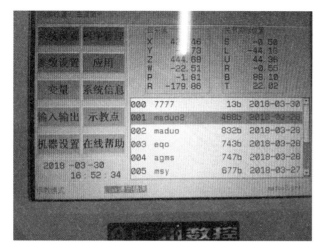

图 4-2　机器人示教器故障报警提示界面

报警原因：控制柜或示教器上的急停键未解除。

解决措施：解除急停。

七、课后习题

复习并熟练操作本节内容。

第二节　任务：操作机器人到达指定示教点

工业机器人如何运动？如何让机器人按照人的意愿去动作？这就需要用机器人语言进行编程。广数机器人有其特定的编程语言。

一、教学目标

1. 知识目标

①熟悉机器人安全操作规程。

②理解机器人示教点的含义。

③了解关节运动指令 MOVJ 的格式及应用场合。

2. 能力目标

①会新建程序。

②会获取示教点。

③掌握关节运动指令 MOVJ 的格式及应用场合。

④掌握机器人编程基本操作流程。

3. 情感目标

①提高学生学习机器人的兴趣。

②培养学生的安全生产意识和职业素养。

二、教学重点

①理解机器人示教点的含义。

②掌握机器人编程的基本操作流程。

三、教学任务

操作机器人到达指定示教点。

四、任务分析

示教点确定。

五、实训步骤

①开机：总电源开关→控制柜电源开关→控制柜启动按钮。

②模式切换：主页面→系统设置→模式切换→编辑模式（密码：888888）或管理模式（密码：666666）。

③新建程序：

a. 主页面→程序管理→新建程序；

b. 操作机器人到示教点 P0（安全点）；

c. 调整坐标系，在直角坐标系下调整 TCP 位置，在关节坐标系下调整 TCP 姿态；

d. 获取示教点 P0，如图 4-3 所示；

e.[使能开关]+[获取示教点]，然后修改参数，如 MOVJ P*，V20，Z0；

图 4-3 示教点 P0

f. 同样的方法，操作机器人到示教点 P1（准备工作点），并获取示教点 P1，如图 4-4 所示。

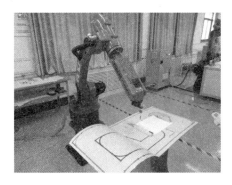

图 4-4 示教点 P1

④示教——单步 / 连续运行：[使能开关]+[前进 / 后退]，启动运行。

⑤再现：

a. 选择"再现"；

b. 伺服准备；

c. 启动；

d. 从安全点启动运行；

e. 速度选择，微动 / 低速 / 中速 / 高速 / 超高速运行。

六、课后习题

复习并熟练操作本节内容。

第三节　任务：操作机器人画矩形

一、教学目标

1. 知识目标

①熟悉机器人安全操作规程。
②了解直线运动指令 MOVL 的格式及应用场合。

2. 能力目标

①掌握直线运动指令 MOVL 的格式及应用场合。
②熟练掌握机器人编程基本操作流程。

3. 情感目标

①提高学生学习机器人的兴趣。
②培养学生的安全生产意识和职业素养。

二、教学重点

①理解直线运动指令 MOVL 的格式及应用场合。
②掌握机器人编程基本操作流程。

三、教学任务

操作机器人画矩形。

四、任务分析

①轨迹分析。
②轨迹规划。
③示教点确定。
④编程。
⑤调试：单步／连续。
⑥再现。
⑦优化。

五、实训步骤

①开机：总电源开关→控制柜电源开关→控制柜启动按钮。

②模式切换：主页面→系统设置→模式切换→编辑模式（密码：888888）或管理模式（密码：666666）。

③新建程序：

a.新建程序；

b.操作机器人到示教点 P0（安全点），并获取示教点 P0，采用关节运动指令 MOVJ；

c.同样的方法，操作机器人到示教点 P1（准备工作点），并获取示教点 P1，依次操作机器人到示教点 P2、P3、P4、P5，如图 4-5 所示。

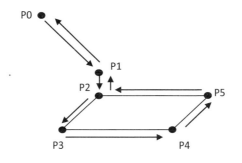

图 4-5　机器人画矩形

④示教——单步 / 连续运行。

⑤再现。

六、课后习题

复习并熟练操作本节内容。

第四节　任务：操作机器人画圆弧

一、教学目标

1. 知识目标

①熟悉机器人安全操作规程。

②了解圆弧运动指令 MOVC 的格式及应用场合。

2. 能力目标

①掌握圆弧运动指令 MOVC 的格式及应用场合。
②熟练掌握机器人编程基本操作流程。

3. 情感目标

①提高学生学习机器人的兴趣。
②培养学生的安全生产意识和职业素养。

二、教学重点

①理解圆弧运动指令 MOVC 的格式及应用场合。
②掌握机器人编程基本操作流程。

三、教学任务

操作机器人画圆弧。

四、任务分析

①轨迹分析。
②轨迹规划。
③示教点确定。
④编程。
⑤调试：单步 / 连续。
⑥再现。
⑦优化。

五、实训步骤

①开机：总电源开关→控制柜电源开关→控制柜启动按钮。
②模式切换：主页面→系统设置→模式切换→编辑模式（密码：888888）或管理模式（密码：666666）。
③新建程序：
a. 新建程序；
b. 操作机器人到示教点 P0（安全点），并获取示教点 P0，采用关节运动指令 MOVJ；
c. 同样的方法，操作机器人到示教点 P1（准备工作点），并获取示教点 P1；

d. 依次操作机器人到示教点 P2（注意：P2 与 P3 是同一个点）、P3（圆弧起点）、P4（圆弧中间点）、P5（圆弧完成点）、P6（规避点）。

④示教——单步 / 连续运行。

⑤再现。

⑥优化。

六、课后习题

复习并熟练操作本节内容。

第五节　任务：操作机器人搬运纸箱

一、教学目标

1. 知识目标

①熟悉机器人安全操作规程。

②了解信号处理指令 DOUT、WAIT、DELAY、DIN、PULSE 的格式及应用场合。

2. 能力目标

①掌握信号处理指令 DOUT、WAIT、DELAY、DIN、PULSE 的格式及应用场合。

②熟练掌握机器人编程基本操作流程。

3. 情感目标

①提高学生学习机器人的兴趣。

②培养学生的安全生产意识和职业素养。

二、教学重点

①理解信号处理指令 DOUT、WAIT、DELAY、PULSE 的格式及应用场合。

②掌握机器人编程基本操作流程。

三、教学任务

操作机器人搬运纸箱。

四、任务分析

①轨迹分析。

②轨迹规划。

③示教点确定。

④编程。

⑤调试：单步／连续。

⑥再现。

⑦优化。

五、知识储备

信号处理指令由 DOUT 指令、WAIT 指令、DELAY 和 PULSE 指令组成。

六、实训步骤：

①开机：总电源开关→控制柜电源开关→控制柜启动按钮。

②模式切换，进入编辑模式。

③新建程序：

a. 新建程序；

b. 操作机器人到示教点 P0（安全点），并获取示教点 P0；

c. 关闭吸盘；

d. 操作机器人到示教点 P1（准备工作点），并获取示教点 P1；

e. 依次操作机器人到示教点 P2（拾取点）、P3（中间过渡点）、P4（中间过渡点）、P5（放置点）、P6（规避点）。

④示教——单步／连续运行。

⑤再现。

七、课后习题

复习并熟练操作本节内容。

第六节　任务：操作机器人连续多次抓取纸箱

一、教学目标

1. 知识目标

①熟悉机器人安全操作规程。

②了解 IF 指令、END 指令 LAB 指令、JUMP 指令、# 注释指令、MAIN 指令和 END 的格式及应用场合。

2. 能力目标

①掌握 IF 指令、END 指令 LAB 指令、JUMP 指令、# 注释指令、MAIN 指令和 END 的格式及应用场合。

②熟练掌握机器人编程基本操作流程。

3、情感目标

①提高学生学习机器人的兴趣。

②培养学生的安全生产意识和职业素养。

二、教学重点

①理解 IF 指令、END 指令 LAB 指令、JUMP 指令、# 注释指令、MAIN 指令和 END 的格式及应用场合。

②掌握机器人编程基本操作流程。

三、教学任务

操作机器人抓取纸箱。

四、任务分析

①轨迹分析。

②轨迹规划。

③示教点确定。

④编程。

⑤调试：单步 / 连续。

⑥再现。

⑦优化。

五、知识储备

流程控制指令由 IF 指令、END 指令 LAB 指令、JUMP 指令、#注释指令、MAIN 指令和 END 指令组成。

六、实训步骤

①开机：

a. 总电源开关→控制柜电源开关→控制柜启动按钮。

②模式切换，进入编辑模式。

③新建程序：

a. 新建程序；

b. 操作机器人到示教点 P0（安全点），并获取示教点 P0；

c. 关闭真空吸盘；

d. 操作机器人到示教点 P1（准备工作点），并获取示教点 P1；

e. 操作机器人到示教点 P2（拾取点），打开真空吸盘；

f. 延时 0.5 秒；

g. 操作机器人到示教点 P3（中间过渡点）、P4（中间过渡点）；

h. 操作机器人到示教点 P5（放置点），关闭真空吸盘；

i. 延时 0.5 秒；

j. 操作机器人到示教点 P6（规避点）；

k. 回到安全点 P0；

l. 再次抓取纸箱，共抓取三次。

④示教——单步 / 连续运行。

⑤再现。

七、课后习题

复习并熟练操作本节内容。

第七节　任务：操作机器人平移多次抓取纸箱

一、教学目标

1. 知识目标

①熟悉机器人安全操作规程。
②了解 PX 指令、SHIFTON 指令 SHIFTOFF 指令格式及应用场合。

2. 能力目标

①掌握 PX 指令、SHIFTON 指令 SHIFTOFF 指令格式及应用场合。
②熟练掌握机器人编程基本操作流程。

3. 情感目标

①提高学生学习机器人的兴趣。
②培养学生的安全生产意识和职业素养。

二、教学重点

①理解了解 PX 指令、SHIFTON 指令 SHIFTOFF 指令格式及应用场合。
②掌握机器人编程基本操作流程。

三、教学任务

操作机器人平移多次抓取纸箱。

四、任务分析

①轨迹分析。
②轨迹规划。
③示教点确定。
④编程。
⑤调试：单步 / 连续。
⑥再现。
⑦优化。

五、知识储备

平移指令由 PX 指令、SHIFTON 指令、SHIFTOFF 指令、调用指令 CALL、子程序返回指令 RET、工具坐标系指令 UTOOL 和用户坐标系指令 UFRAME 组成。

六、实训步骤：

①开机：总电源开关→控制柜电源开关→控制柜启动按钮。

②模式切换，进入编辑模式。

③轨迹规划。

④建立平移变量：主页面→变量→笛卡尔位姿。在直角坐标系中，根据预定平移方向，修改相应坐标轴变量。

例如，本次实训中，纸箱高度是 215mm，故每次平移一个纸箱高度，即 Y 方向参数， ± 表示平移方向，＋ 表示每次向上平移 215mm，－ 表示每次向下平移 215mm。

⑤新建程序：

a. 新建程序；

b. 操作机器人到示教点 P0（安全点），并获取示教点 P0；

c. 关闭真空吸盘；

d. 操作机器人到示教点 P1（准备工作点），并获取示教点 P1；

e. 操作机器人到示教点 P2（拾取点），打开真空吸盘；

f. 延时 0.5 秒；

g. 操作机器人到示教点 P3（中间过渡点）、P4（中间过渡点）；

h. 操作机器人到示教点 P5（放置点），关闭真空吸盘；

i. 延时 0.5 秒；

j. 操作机器人到示教点 P6（规避点）；

k. 回到安全点 P0；

l. 根据平移指令的应用，在适当位置添加平移指令 PX、SHIFTON 和 SHIFTOFF，再次抓取纸箱，共抓取三次。

⑥示教——单步 / 连续运行。

⑦再现。

七、参考程序

参考程序如图 4-6 所示。

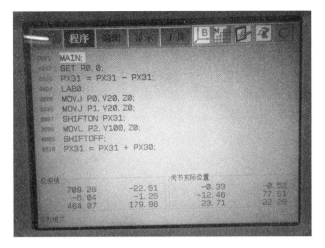

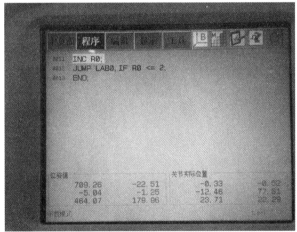

图 4-6 参考程序

八、课后习题

复习并熟练操作本节内容。

第五章 视觉应用

第一节 视觉指令简介

一、视觉机理

机器人主动或者被动地获知摄像头拍摄到的物体的位置，然后机器人移动到指定的位置实现相应的动作。

二、网络 IP 设置

机器人视觉通信是基于 TCP 的 XML 协议结构实现的。机器人作为客户端，默认的 IP 地址为 192.168.0.165。必须注意的是远端 IP 必须和机器人 IP 属于同一网段。

三、视觉变量

视觉变量（VR）明细窗口，如图 5-1 所示。

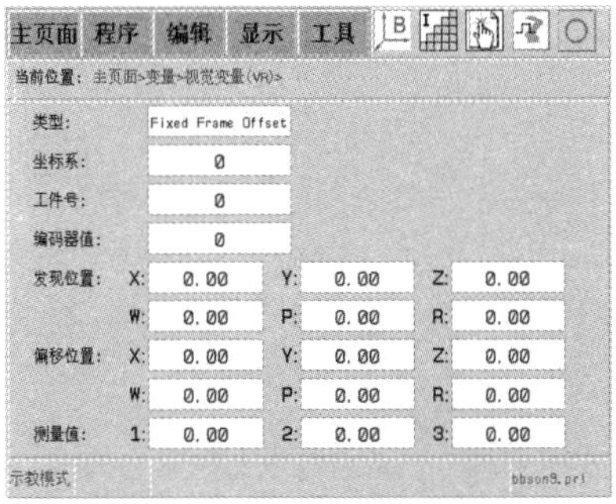

图 5-1 视觉变量明细窗口

此部分数据由视觉软件传输，在此界面中不可编辑。

类型：

指明视觉变量中存储的数据的类型，即软件中指明的补偿方式，补偿方式可以是用户坐标偏移量，也可是工具坐标偏移量。

类型具体包括下面几种。

① Fixed Frame Offset：用户坐标系补偿。机器人在用户坐标系下通过 Vision 检测目标当前位置相对初始位置的偏移并自动补偿抓取位置。

② Tool Offset: 工具坐标偏移量。机器人在工具坐标系下通过 Vision 检测在机器人手爪上的目标当前位置相对初始位置的偏移并自动补偿放置位置。

③ Found Position：发送基坐标系下的位置，即目标在机器人基坐标系下的绝对位置和项目偏移量。

④ Frame ：当类型中为 Fixed Frame Offset 时，使用的是用户坐标系号；当为 Tool Offset 时，使用的是工具坐标系号。

⑤ Model ID：检测到的工件的 ID，即模板序列号。

⑥ Encoder：仅在视觉动态跟随时使用，用于记录触发拍照跟随时的编码器值。

⑦ Offset ：目标当前位置相对初始位置的偏移。

⑧ Found Pos ：目标在指定坐标系下的绝对位置。

⑨ Meas ：测量信息显示，可通过测量数据的不同进行分类动作。

四、视觉指令

1.VISION　TSYN

功能：

与视觉软件进行时间同步，未成功连接时报警。

2.DETECT；

功能：

启动摄像头拍照一次。

3.GETVISION　VR[变量名]，LAB[变量名]；

功能：

获取视觉变量值，未成功则跳转到 LAB[变量名]。

4.GETNFOUND R[变量名];

功能：

获取摄像头内的物品个数，存入 R[变量名] 中。

5.SETPOS ROBOT[变量名];

功能：

发送机器人当前位置给视觉软件。

6.SETPOS USRCOORD；

功能：

发送机器人当前用户坐标系给视觉软件。

7.GETIFPASS R[变量名];

功能：

获取视觉拍照结果，将结果放在变量中。

8.INIT QUEUE[变量名];

功能：

初始化视觉软件中视觉变量的序列值。

9.GETQ VR[变量名], QUEUE[变量名], T（值）, LAB[变量名];

功能：

从视觉软件中视觉变量的序列中获取一个变量值，如果在时间 T（值）内，未获取到则跳转到 LAB[变量名]。

10.DETECTON；

功能：

开启视觉软件的定时拍照功能。

11.DETECTOFF；

功能：

关闭视觉软件的定时拍照功能。

12.GETV　I[变量名]，　VR[变量名]，　TYPE;

功能：

获取 VR[变量名] 中的 TYPE 属性值放入 I[变量名] 中。

13.GETV　I[变量名]，　VR[变量名]，　FRAME;

功能：

获取 VR[变量名] 中的 FRAME 属性值放入 I[变量名] 中。

14.GETV　I[变量名]，　VR[变量名]，　MODELID;

功能：

获取 VR[变量名] 中的 MODELID 属性值放入 I[变量名] 中。

15.GETV　I[变量名]，　VR[变量名]，　MEAS（值）;

功能：

获取 VR[变量名] 中的 MEAS 属性值放入 I[变量名] 中。

16.GETV　I[变量名]，　VR[变量名]，　ENCODER;

功能：

获取 VR[变量名] 中的 ENCODER 属性值放入 I[变量名] 中。

17.GETV　I[变量名]，　VR[变量名]，　FOUNDPOS;

功能：

获取 VR[变量名] 中的 FOUNDPOS 属性值放入 PX[变量名] 中。

18.GETV　I[变量名]，　VR[变量名]，　OFFSET;

功能：

获取 VR[变量名] 中的 OFFSET 属性值放入 PX[变量名] 中。

五、视觉静态编程实例

（一）实例 1

说明：由外部传感器触发相机拍照，机器人在预备点 P1 位置等待视觉数据，当收到视觉数据后，在 P2 位姿进行偏移 OFFSET。此时视觉端应对应使用 FOUNDPOS 偏移类型。

```
MAIN；
MOVL P1，V100，Z0；
LAB0：
GETVISION VR0，LAB0；
GETV PX0，VR0，OFFSET；
SHIFTON PX0；
MOVL P2，V100，Z0；
SHIFTOFF；
END；
```

（二）实例 2

说明：由外部传感器触发相机拍照，机器人在预备点 P1 位置等待视觉数据，当收到视觉数据后，机器人直接运动到视觉指定的位姿，此时视觉端应对应使用 FOUNDPOS 偏移类型。

```
MAIN；
MOVL   P1，V100，Z0；
LAB0：
GETVISION   VR0，LAB0；
GETV   PX0，VR0，FOUNDPOS；
ADDP   P3，PX0；
MOVL   P3，V100，Z0；
END；
```

（三）实例 3

说明：由外部传感器触发相机拍照，机器人在预备点 P0 位置等待视觉数据，创建用户坐标系 USER0，并在此用户坐标系下示教 P1 点，当收到视觉更新的用户坐标时，计算并运动到新用户坐标系下的 P1 点。此时视觉端应对应使用 FOUNDPOS 偏移类型。

```
MAIN；
MOVL   P0，V100，Z0；
LAB0：
GETVISION   VR0，LAB0；
GETV   PX0，VR0，FOUNDPOS；
```

```
SETCOOR  VUSER0, PX0;
COORCHGON  USER0, VUSER0;
MOVL  P1, V100, Z0;
COORCHGOFF;
END;
```

（四）实例 4

说明：由外部传感器触发相机拍照，机器人在预备点 P0 位置等待视觉数据，创建用户坐标系 USER5，接收视觉数据，然后对 P1 在用户坐标系 5 下偏移 VR0.OFFSET。此时视觉端应对应使用 FIXFRAMEOFFSET 偏移类型。

```
MAIN;
MOVL  P0, V100, Z0;
LAB0:
GETVISION  VR0, LAB0;
COORCHGON  USER5
VMOVL  P1, V100, Z0, VOFFSET, VR0;
COORCHGOFF;
END;
```

第二节　六轴工业机器人机器视觉编程实训

一、实训目的

了解视觉识别的工作原理，熟悉视觉软件和摄像头的基本参数设置，掌握机器人获取视觉参数的操作，实现机器人与视觉系统联动工作。

二、实训原理

本视觉系统主要由：光源、镜头、CCD 相机、图像处理软件、工控机、液晶显示器、TCP IP 以太网通信组成。其中光源提供稳定、适合的光源环境，保证相机拍照的效果。镜头可以在不同需求中，调节光圈和焦点。工业 CCD 相机，拍摄不同的工件将图像信号传到工控机里，进行图像处理。图像处理软件是广州数控设备有限公司自主开发的用于和 GSK 系列工业机器人配合使用的视觉软件，可用于工件定位、尺寸测量、有无判断、缺陷检测和颜色识别等常见的视觉应用场合。

1. 为什么要校准?

现代机器人绝大多数是基于各种控制模型的,有控制模型的地方就会有误差。我们已经知道的常见误差有加工误差(尺寸和表面精度的不精确)、机械公差(位置精度偏差,如关节理论轴线与实际轴线不符)、零点误差(这也是为什么在使用机器人前要先校准零点)。相机的校准在很多文献上又称为相机的标定。相机标定的目的是确定相机的一些参数(包括内部参数和外部参数)的值。通常,这些参数可以建立三维坐标系和相机图像坐标系的映射关系,换句话说,你可以用这些参数把一个三维空间中的点映射到图像空间,或者反过来。所以校准的最终目的是通过得到相机内外参数的值,来确定物体图像像素坐标系与物体实际物理坐标系的映射关系,最后转换为执行装置的坐标。

相机需要校准的参数分为内部参数和外部参数两部分。校准外部参数能够确定相机在某个三维空间中的位置和朝向。除了位置和朝向,相机还可能存在的误差有下列几种。

①由于实际安装精度的问题,镜头的光轴没有穿过图像的正中间。

②镜头不是完美的圆、图像传感器(CCD)上的感光元件不是完美的紧密排列的正方形,都可能会导致相机对 x 方向和 y 方向的尺寸缩小比例不一致。

③理想情况下,镜头会将一个三维空间中的直线也映射成直线,但实际上镜头无法这么完美,通过镜头映射之后,直线会变弯(即产生畸变,这点相信使用过单反广角镜头的同学们也深有体会),所以需要相机的畸变参数来描述这种变形效果,得到这些参数后,再根据畸变参数选择相应的校正算法。

实训的原理和结果,如图 5-2～图 5-4 所示。

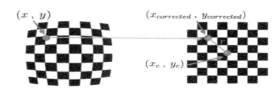

图 5-2 畸变示意图

（a）基本坐标系的种类

（b）基坐标系示意图

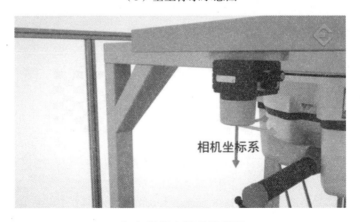

（c）相机坐标系示意图

图 5-3　视觉检测过程中的五个基本坐标系

（d）固定工件坐标系示意图

（e）工具坐标系示意图

（f）工件坐标系示意图

图 5-3 视觉检测过程中的五个基本坐标系（续）

（a）相机的标定

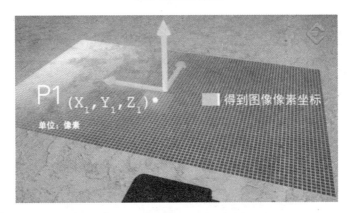

（b）工件的像素坐标 P1

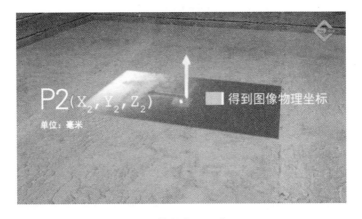

（c）工件的物理坐标 P2

图 5-4　通过相机映射得到数据

（d）工件的相机坐标

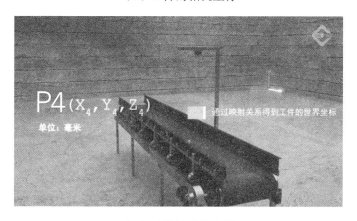

（e）工件的世界坐标

图 5-4　通过相机映射得到数据（续）

三、实训内容与步骤

1．机器人与公共机通信配置

①查看当前机器人系统软件版本是否为 V2.18_*****。

②将 UDPService 配置文件升级至机器人系统软件。（重启机器人系统→按 F2 →复制 UDPService 配置文件→按 0 →输入→成功→重启机器人系统）

③配置机器人端通信方式：系统设置→应用配置→开启视觉 2（见图 5-5）。

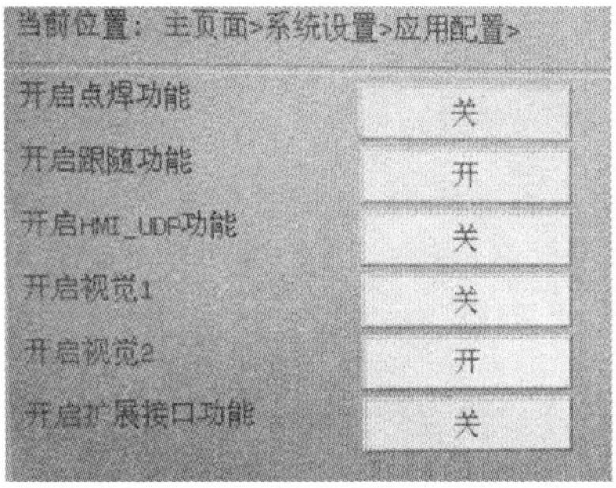

图 5-5 开启视觉功能

④配置机器人网络设置（系统设置→网络设置）：

IP：192.168.0.165

子网掩码：255.255.255.0

默认网关：192.168.0.254

MAC 地址：00-11-22-33-44-55

⑤配置工控机网络设置：

IP：192.168.0.167

子网掩码：255.255.255.0

默认网关：192.168.0.254

⑥通信测试：打开工控机，开始菜单输入 cmd，输入 PING 192.168.0.165，测试是否连接成功，如图 5-6 ～图 5-7 所示。

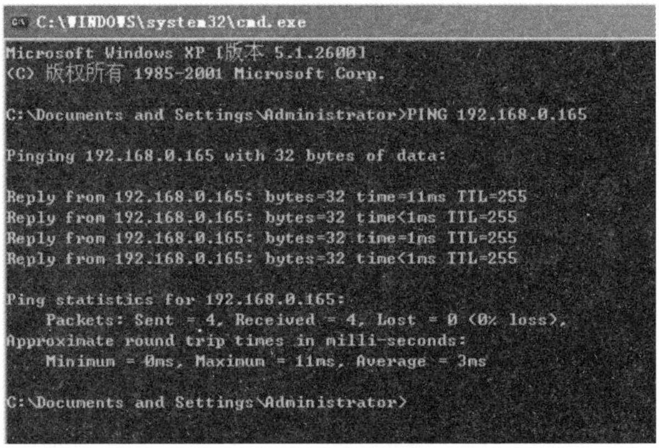

图 5-6 通信成功

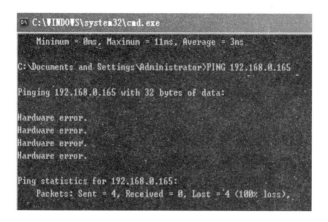

图 5-7　通信失败

2. 机器人与视觉软件通信配置

①配置视觉软件网络设置（打开视觉软件→设置），如图 5-8 所示。

图 5-8　软件网络设置

②通信测试：

a. 将视觉软件触发模式设为手动触发（设置→触发器→手动）；

b. 将软件转换至运行界面，点击开启测量；

c. 编辑运行图中程序，按下键盘空格，查看程序是否运行至 END 行，若通信失败则程序会一直在"GETVISION2 VR0，LAB0；"等待视觉信号，不会往下运行，如图 5-9 所示。

```
MAIN;
LAB0:
GETVISION2 VR0 ,LAB0 ;
END;
```

图 5-9　通信测试程序

3. 相机标定

（1）标定

①黑白显示设置（关闭"彩色显示"、关闭"准备RGB图像"、打开"准备U8图像"），如图5-10所示。

图5-10　设置为黑白

②放置标定板。把标定板放到工作台或传送带的相机视野范围内（视觉需要进行测量定位的区域，视野尽量干净，可使用白色纸张作为背景去除干扰），如图5-11所示。

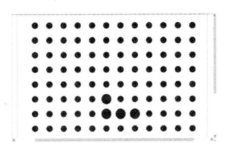

图5-11　放置标定板

③标定准备。以中心的大圆分别建立机器人的用户坐标和该圆的图像X、Y坐标。

a.将尖端装到机器人上，以尖点建立工具坐标（具体查看机器人说明书）。

b.建立用户坐标，如图5-12所示。

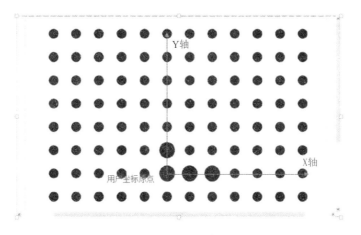

图 5-12　建立用户坐标

c.测量图像 X、Y 坐标（选择圆搜索算法测量），如图 5-13 所示。

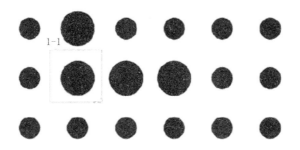

图 5-13　测量原点坐标

④标定参数设置。调试→参数设置→将 X、Y 的数值输入→点击分析，如图 5-14 所示。（注：参数具体说明请查看说明书。）

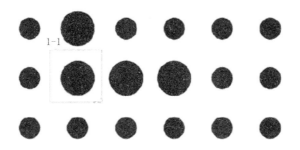

图 5-14　设置标定参数

⑤标定：

a. 调试→点击标定→确定，如图 5-15 所示；

图 5-15　开始标定

b. 查看出现的三张图片是否正常，完成标定，如图 5-16 图～ 5-18 所示。

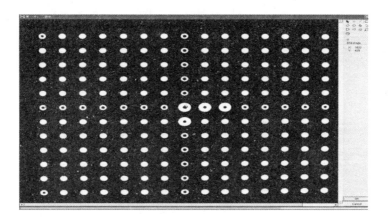

图 5-16　二值化

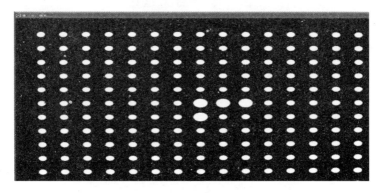

图 5-17　填孔

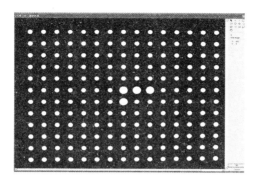

图 5-18　面积过滤

（2）标定验证

①视觉软件模块验证：

a. 点击使用标定；

b. 将鼠标移到标定圆心，观看数值是否接近（0，0），如图 5-19 所示；

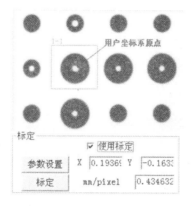

图 5-19　验证原点

c. 将鼠标移到 X 正方向的第一个圆心，观看数值是否接近（15，0）；

d. 将鼠标移到 Y 负方向的第一个圆心，观看数值是否接近（0，-15），如图 5-20 所示。

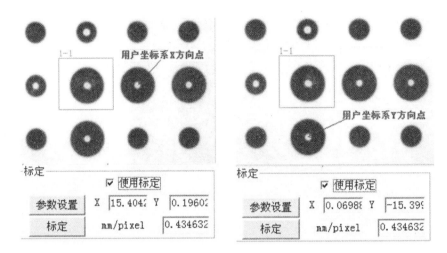

图 5-20　验证 X、Y

②视觉软件模块配合机器人验证：

a. 点击参数设置，将建立的机器人用户坐标输入，将 offsetT 设为 FoundPosition，将 OutPut 设为绝对位置，如图 5-21 所示；

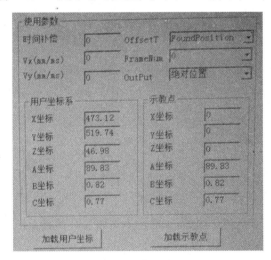

图 5-21　设置用户坐标

b. 将当前机器人位姿值输入示教点（只将 W，P，R 对应输入 A，B，C 即可，X，Y，Z 可为 0），机器人位姿值如图 5-22 所示：

图 5-22　设置示教点

c. 选择圆搜索算法，编辑程序验证机器人是否能走到指定位置（一般情况对 X，Y 方向都进行一次测试）。验证程序如图 5-23 所示。

```
MAIN;
MOVL P0,V10,Z0;
SUB PX0,PX0;
SETE PX0 (3) ,2 ;
LAB0:
GETVISION2 VR0 ,LAB0 ;
GETV PX0 ,VR0 ,FOUNDPOS;
SHIFTON PX0;
VMOVL P1 ,V10 ,Z0 ,FOUNDPOS ,VR0 ;
SHIFTOFF;
END;
```

图 5-23　测试程序

说明：如果每一次机器人都能运行至指定的圆心，说明机器人已经标定完成了，用户可以将末端尖端拆除，进行下一步对实际工件的抓取的调试。测试结果如图 5-24 所示。

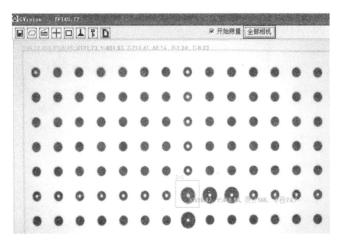

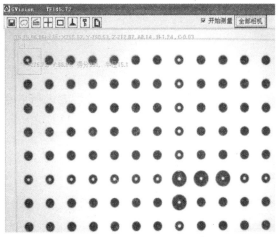

图 5-24　测试结果

4. 工件识别

（1）相机拍照位置

①打开视觉软件，出现运行界面，同时将工件放置到工作平面。

②选择合适的相机高度。相机的安装高度，会影响相机视野的大小，一般调至比工件工作区域大一点较为合适，而固定式安装的相机一般安装在抓取区域上方，因此固定式的相机还需考虑机器人抓取时是否会与相机碰撞等问题。

③调节相机的焦距和亮度，如图 5-25 所示。

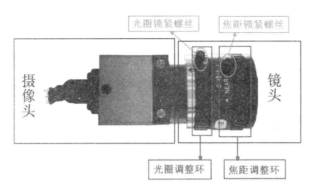

图 5-25　摄像机调节

a.焦距调试：松开焦距锁紧螺丝，边转动焦距调整环边观看图像清晰度，选择最清晰的位置，将焦距锁紧螺丝锁紧。

b.亮度调试：根据现场情况调试最稳定的亮度。首先调光源的亮度，然后调镜头的光圈，最后调视觉软件中的曝光度。

（2）识别算法——CLRMATCH

说明：CLRMATCH 算法具有颜色分类及工件定位功能。调试细节如下。

1）色差调节

a.打开"彩色显示"（设置→彩色显示）、"准备 RGB 图像"和"关闭准备 U8 图像"。

b.将一张纯白的纸放置到工作平面，即在当前视觉软件中图像为白色，然后点击自动白平衡（调试→自动白平衡），如图 5-26 所示。

图 5-26　设置为彩色显示

2）建立工件模板

将视觉软件换至调试界面，点击修改框架，将 ROI 边框修改至色彩均匀处，右击 ROI 边框，点击保存 PNG，输入模板名字即可，如图 5-27 ～图 5-28 所示。

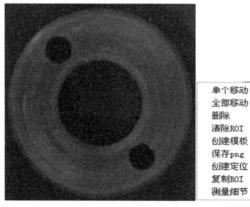

图 5-27　选取采样色块

图 5-28　建立模板 1、2、3

3）CLRMATCH 参数配置

a. 将 ROI 边框修改至工作区域大小。

b. 选择算法 CLRMATCH（修改边框→双击鼠标左键→选择算法 CLRM-ATCH）。

c. 训练模板：分别对建立的三个模板进行训练，点击【训练模板】按钮，然后选择所建立的模板，按 [确定] 键。如图 5-29 所示。

图 5-29　训练模板

d. 模板选择：依次选择建立的模板，将建立的 1 号模板放进模板 1，建立的 2 号模板放进模板 2，建立的 3 号模板放进模板 3，注意需先对模板进行训练再进行选择，如图 5-30 所示。

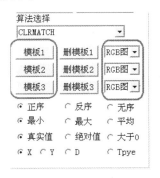

图 5-30 选择模板

d. 参数修改：一般情况下，只采用默认参数即可，在保证识别率的情况下，可将得分适当提高，如图 5-31 所示。

图 5-31 参数设置

e. 识别率测试：完成所有配置后，将工件放置到工作平面中，进行识别测试。识别完成后，点击左上角保存。

（注意：完成所有识别操作后，应检查一下相机是否已固定、相机光圈锁紧螺丝和焦距锁紧螺丝是否锁紧，这是因为后续对相机进行标定后不能移动相机及改变相机的焦距和光圈。）

5. 工件抓取

①重启视觉软件或者选择算法 CLRMATCH 进行参数配置。（因识别时已经保存过识别参数，重启后会恢复识别完成时识别算法的参数设置。）

②将工件放置到工作平面上。（注意：一般放置于视野中心，未完成抓取调试时不要移动工件。）

③视觉软件转换至运行界面，触发拍照，将左上角的数据（XYZABC）输入至机器人用户坐标（XYZWPR）中，如图 5-32 所示。

图 5-32 工件识别坐标

用户坐标系：（注意输入的用户号，需根据程序指令"COORCHGON USER1，VUSER0；"中的 USER* 输入，如当前为 USER1，即将该用户输入1 号用户坐标中）如图 5-33 所示。

用户坐标系选择 1		当前用户坐标号：1	
用户坐标系坐标			
X	1104.46 mm	Y	-345.83 mm
Z	-136.56 mm	W	120.00 deg
P	30.00 deg	R	30.00 deg

图 5-33 输入识别坐标

④选择用户坐标 0，新建抓取程序，如图 5-34 所示。

```
MAIN;
MOVJ P0,V20,Z0;              /安全点 P0
DOUT OT1 ,OFF ;              /手抓闭合
DOUT OT2 ,ON ;
DELAY T0.5 ;
LAB0:
GETVISION2 VR0 ,LAB0;       //获取视觉发送的数据至 VR0 中
GETV PX0 ,VR0 ,FOUNDPOS;    //将 VR0 变量中发现位置的数据传至 PX0 变量中
GETV I0 ,VR0 ,TYPE;         //将 VR0 中类型数值发送至 I0 变量中
SETCOOR VUSER0,PX0;         //将 PX0 变量中的数据发送至虚拟用户坐标 0 号
COORCHGON USER1,VUSER0;     //用户平移指令开始
MOVL P3 ,V100 ,Z0 ;         //抓取示教点上方
MOVL P2 ,V100 ,Z0 ;         //抓取示教点
DOUT OT1,ON;
DOUT OT2 ,OFF ;             手抓张开
DELAY T0.5 ;
MOVL P3 ,V100 ,Z0 ;
COORCHGOFF;
END;
```

图 5-34 抓取程序

⑤移动机器人，获取当前工件位置的抓取点。

⑥选择再现模式，运行程序，验证抓取过程。

四、实训报告

①视觉系统软件里有多少种算法，各种算法有什么作用？

②简述如何设置标定。

③完成一个简单的视觉识别及机器人抓取程序（在示教盒编好拷贝打印出来）。

第六章　工业机器人典型应用案例

第一节　工业机器人视觉识别搬运

一、实训目的

熟悉六轴工业机器人的视觉、搬运、码垛编程，掌握平移指令的编程方法。

二、实训原理

搬运机器人是指用一种设备握持工件，是指从一个加工位置移到另一个加工位置。搬运机器人可安装不同的末端执行器以完成各种不同形状和状态的工件搬运工作，大大减轻了人类繁重的体力劳动。搬运机器人被广泛应用于机床上下料、冲压机自动化生产线、自动装配流水线、码垛搬运、集装箱等的自动搬运。

通过结合第五章第二节的实训内容，机器人将三个颜色的工件抓出来，放到输送带上，输送带将工件送到视觉识别区域进行视觉识别，机器人根据识别出来的不同颜色工件，把工件搬运到托板上，按颜色分类阵列摆放好。

三、实训内容与步骤

①新建工程"BANYUN.PRL"，开始编辑搬运程序（参见附表1）。

②机器人回到原始位置，变位机回到原始位置，抓手处于打开状态，准备抓取，如图6-1所示。

图6-1　机器人处于初始位置

③机器人将转盘的工件抓取到输送带前端，如图6-2所示。

图6-2　送入输送带

④输送带自动将工件传送到输送带末端视觉识别区域，启动视觉识别，如图6-3所示。

图 6-3　启动识别

　　⑤机器人接收到视觉系统识别出来工件坐标与颜色信息，抓取工件到托板上，如图 6-4 所示。

图 6-4　抓取工件到托板上

　　⑥重复③～⑤步骤，将所有的工件搬到托板上，阵列摆放整齐，如图 6-5 所示。

图 6-5 阵列摆放完成

⑦机器人退回原始位置，等待 1 秒。

⑧机器人将所有工件，放回转盘里，完成搬运实验，如图 6-6 所示。

图 6-6 工件复原

四、实训报告

①什么是机器人平移指令？如何设置平移量？

②完成搬运程序（在示教盒编好拷贝打印出来）。

第二节　六轴工业机器人焊接编程

一、实训目的

了解焊接的原理，熟悉六轴工业机器人焊接编程及注意事项。

二、实训原理

工业机器人焊接主要是外部利用数字焊机或模拟焊机与机器人本体组合，内部通过 GSK-Link 总线通信方式、标准 I/O 和虚拟 I/O，使机器人按照发送的指令控制机械手臂和焊机完成焊接。

本实验通过外部焊机和六轴工业机器人组成自动化焊接系统，熟悉焊机的相关参数配置和焊接过程的轨迹编程。焊接实例如图 6-7 所示。

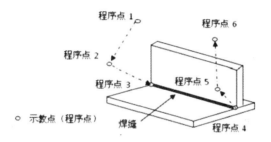

图 6-7　焊接实例

三、实训内容与步骤

①焊接参数配置菜单。通过 [TAB] 键，切换到 { 应用 }，按 [选择] 键选择 { 应用 } 菜单，会弹出焊接子菜单，如图 6-8 所示。

图 6-8　焊接子菜单

②焊接设置按[选择]键,选择{焊接设置}进入焊接设置菜单,对焊接进行基本的参数设置,如图6-9所示。

（a）

（b）

图6-9　焊接设置

焊接设置中各基本参数的功能说明如下。

a."当前焊机名称"：当前机器人选择的焊机名称。

b."焊机类型"：目前机器人支持控制模拟焊机和数字焊机。

c."引弧成功信号"：打开该开关时,机器人在执行引弧指令时将对引弧成功信号进行检测,若检测不到引弧成功信号,则机器人会报警。该功能仅对弧焊焊机有效,对于不具有引弧成功信号反馈功能的焊机需关闭该检测开关。

d."粘丝信号"：打开该开关时,机器人在执行熄弧指令时将对粘丝信号进行检测,若检测到粘丝信号,则机器人会报警。该功能仅对弧焊焊机有效,对于不具有粘丝信号反馈功能的焊机需关闭该检测开关。

e.“焊接开始检测时间”：对于具有引弧成功信号检测功能的焊机，机器人在执行引弧指令后，在该时间内焊机执行提前送气或者送丝等焊接初始动作，直至检测到引弧成功信号为止，需保证焊机有足够的时间处理这些动作。若无引弧成功信号检测功能，需将时间设置为 0。

f.“焊接结束检测时间”：对于具有熄弧检测功能的焊机，机器人在执行完熄弧指令后，在该时间内焊机检测熄弧标志，直至检测到由引弧成功信号变为待机状态或者检测到熄弧成功标志为止，需保证焊机有足够的时间处理这些动作。若焊机无熄弧检测功能，需将时间设置为 0。

g.“粘丝检测延迟时间”：对于具有粘丝检测功能的焊机，机器人在执行完熄弧指令后，在该时间内焊机检测粘丝标志，直至检测到有粘丝标志为止，需保证焊机有足够的时间处理这些动作。若焊机无粘丝检测功能，需将时间设置为 0。

h.“再引弧次数”：在引弧成功信号开启的情况下，需要获取引弧成功的次数。

i.“焊丝进给或者回绕时间”：在断点搭接距离设置非 0 后，机器人后退或前进时对焊丝进行回绕的时间。

j.“焊接速度设置”：设置的是引弧打开后的运动指令的执行速度。

k.“断点搭接距离”：在执行引弧开启后的运动指令时，由于其他因素导致机器人停止或者急停，在清除障碍后，为从当前断点位置启动，恢复机器人原先的执行环境，需要设置的一段距离，该距离沿直线后退或前进，负号表示后退。

③焊机控制设置，如图 6-10 所示。

图 6-10　焊机控制设置

④引弧条件参数设置，如图 6-11 所示。

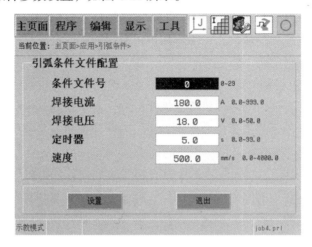

图 6-11　引弧条件参数设置

⑤熄弧条件参数设置，如图 6-12 所示。

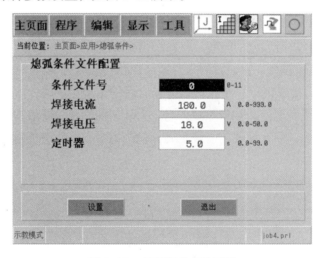

图 6-12　熄弧条件参数设置

⑥摆焊条件参数设置，如图 6-13 所示。

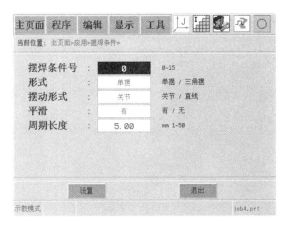

图 6-13　摆焊条件参数设置

⑦设置好以上参数后，通过 [转换]+[应用] 组合键，打开使能应用状态，若界面人机接口显示区提示"应用有效"，则表示此时机器人已经正确与焊机进行连接，且焊机已经被初始化；若提示"应用失败"，则表示机器人无法与焊机进行连接，则需要检查焊机与机器人之间的连接电路，以及初始化参数是否正确。

⑧当机器人正确与焊机连接后，即可进入 { 焊机控制 } 菜单界面，对焊机进行点动送丝、检气、抽丝等手动操作。

⑨一切就绪，新建程序，进入 { 编辑 } 界面，编辑程序。

⑩机器人移动到安全位置，如图 6-14 所示。

图 6-14　焊接安全位置

⑪机器人移动到 P1、P2 点，调整焊枪到适合的姿态。

⑫机器人缓慢接触 P3 点，启动引弧，开始焊接，如图 6-15 所示。

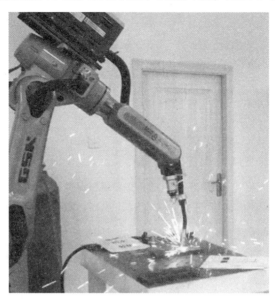

图 6-15　引弧焊接

⑬根据焊接状态，机器人适中速度移动到 P5 点，熄弧，结束焊接，如图 6-16 所示。

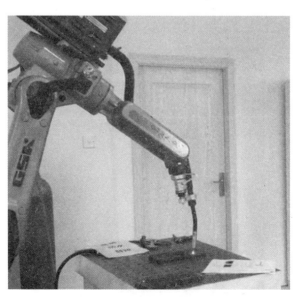

图 6-16　熄弧停止焊接

⑭编辑好程序，进入{程序}界面，单步示教该程序，确认机器人运动轨迹。

⑮[转换]+[应用]键开启使能应用，并将系统切换到再现模式，开始再现程序，完成焊接任务。

四、实训报告

①焊接引弧和熄弧的条件是什么，如何设置？

②完成焊接程序（在示教盒编好拷贝打印出来）。

第三节 六轴工业机器人工件装配编程

一、实训目的

掌握六轴工业机器人装配编程。

二、实训原理

随着自动化程度逐渐提高，工业机器人被大量应用到产品制造后期的各种装配、检测、标示、包装等工序中，其操作的对象包括各种各样的零件、部件，最后完成的是成品或半成品，主要应用于产品设计成熟、市场需求量巨大、需要多种装配工序、长期生产的产品制造场合。工业机器人自动化装配生产线的优越性为产品性能及质量稳定、所需人工少、效率高、单价产品的制造成本大幅降低。适合工业机器人自动化装配生产线生产的产品通常为轴承、齿轮变速器、香烟、计算机硬盘、计算机光盘驱动器、电气开关、继电器、灯泡、锁具、笔、印刷线路板、小型电机、微型泵、食品包装等。

本实验利用8kg综合实验平台，通过编程模拟常用法兰盘的装配，锁螺丝等常规装配流程，熟练掌握其编程技巧。

三、实训内容与步骤

①新建工程"ZHUANGPEI.PRL"，开始编辑装配程序（参见附表2）。

②机器人回到原始位置，变位机回到初始位置，抓手处于打开状态，准备抓取工件，如图6-17所示。

图 6-17　机器人处于初始位置

③机器人先抓取装配工件底板，放入转盘上，如图 6-18 所示。

图 6-18　机器人抓取底板

④机器人再抓取装配面板，与底板各个螺丝孔位对准，放在底板上面，如图 6-19 所示。

图 6-19　机器人抓取面板

⑤机器人抓取模拟螺丝，按顺序放到对应的螺丝孔位里，如图 6-20 所示。

图 6-20　机器人抓取螺丝

⑥机器人退回原始位置，等待 1 秒。

⑦机器人将模拟螺丝放回原位，如图 6-21 所示。

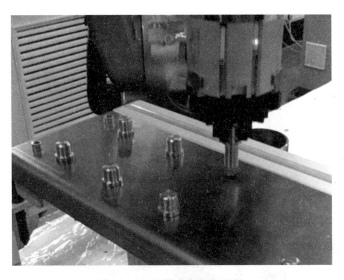

图 6-21　机器人复原螺丝位

⑧机器人分别将面板、底板两个工件放回原位，如图 6-22 所示。

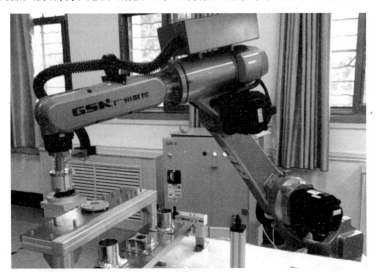

图 6-22　机器人复原底板位

⑨机器人退回原始位置，完成装配实验。

四、实训报告

完成本实验模拟装配程序（在示教盒编好拷贝打印出来）。

第四节 常见故障及排除

工业机器人运行常见故障原因及排除如表 6-1 所示。

表 6-1 工业机器人运行常见故障原因及排除

序号	故障现象	故障原因	故障排除	
1	机器人运行过快，与实训平台其他部件发生撞机，示教器提示"过负载"	过负载	措施一	清除→重启→通过示教器控制机器人离开撞机位置
			措施二	将示教器打开"调试模式"（忽略报警信息）→重启→将手动速度调整为最大（M）→按下 [使能] 键，迅速点动按下 [Z+]（假设垂直撞机）
			措施三	机械排故障：拆卸受挤压部件，排除故障
2	操作易撞机	速度过快	远离时可以快一点，但逼近操作平台时以最低速度运行，同时思想高度集中，注意观察	
		操作大意	采用塑料棒代替铁质工具	
3	视觉软件 MV.exe 打开，视界显示白色	软件启动有问题	关闭视觉软件，重新打开视觉软件 MV.exe 或重新运行备份的视觉软件	
4	双击视觉软件，打不开，桌面显示"相机个数不能为 0"	相机 USB 接口接触不良，无信号	拔下综合实训平台内工控机上的相机 USB 接口，再重新插上即可	
5	视觉软件不能识别工件，只能拍照，获取不到位置信息和颜色信息	机器人程序运行有问题	措施一	重新再现运行程序
		采样有问题	措施二	重新采样，训练模板，保存
6	有转盘和水平用户坐标的程序中，外部轴不能联动运行	编程时模式不对应	编程时，用到外部轴 E，应切换到外部轴模式	
		编程指令错误	在外部轴 E 模式下，应用 MOVJ P2, V50, Z0, E1, EV50 指令，而不是 MOVJ P2, V50 指令	

序号	故障现象	故障原因	故障排除
7	示例程序运行位置发生较大偏移，影响正常加工	上一次程序调试好后可能发生过严重撞击，导致用户坐标发生变化	重新获取用户坐标系的点，或重新获取各示教点即可
8	在画轨迹程序运行时，顶尖在斜平面轨迹错误，走的是水平面轨迹	用户坐标不匹配	画轨迹程序中，用到了基坐标和用户坐标3，所以在再现运行之前应在"系统设置"中将用户坐标切换为用户坐标3（厂家参考程序中已经规定好了）
9	画圆弧轨迹时提示三点不能共线	示教点三点共线	重新获取均匀分布的圆弧上的三个示教点（示教点数应为大于等于3的奇数）
10	软限位	超程	按下 [清除] 键，清除报警信息，重启设备电源，重新运行程序即可
11	转盘不转或运行1分钟后停止运行	伺服电机接口接线接触不良	自顶向下，逐个排查，如果排故障不行，最后拆下电机，让其空转，再检查控制柜接线是否正确

第二篇

四轴工业机器人的操作与编程

第七章　四轴工业机器人简介

第一节　概　述

一、四轴工业机器人外观

四轴工业机器人的外观如图 7-1 所示。

图 7-1　四轴工业机器人的外观

二、机器功能和技术特点

（一）机器功能

四轴工业机器人由主体、驱动系统和控制系统三个基本部分组成。它是专门为各加工单位研制的一款搬运产品的机械手，适合大吨位油压机、冲床工件送料、抓取、搬运等工作。同时它还具有定位精准、生产质量稳定、工作节拍可调、运行平稳可靠、维修方便等特点。四轴工业机器人通过控制压力机动作、更换夹具、吸盘可对拉伸膜、翻边模、冲孔模等模具的加工产品实现送料、抓取、搬运等动作，可与各类压力机械配套使用，减轻工人劳动强度、保证生产安全。

（二）技术特点

①机械手重复定位精准度：±0.08mm。

②稳定，维修方便。

③保证生产安全，减轻工人劳动强度。

三、机器技术参数

表 7-1　四轴工业机器人的技术参数

项目	单位	内容
电源	伏	AC220V
总功率	千瓦	2kW
轴数	轴	4Axis
最大负载	千克	3kg
定位精度	毫米	±0.08mm
J1 轴上下行程	毫米	0～250mm
J2 轴摆动范围	摄氏度	0～230°
J3 轴活动半径	毫米	0～1000mm
J4 轴旋转范围	度	0～360°
环境温度	度	5～45°
相对湿度	g/kg	≤90RH
重量	千克	150kg
尺寸	毫米×毫米×毫米	860mm×700mm×1500mm

四、机械结构简介

（一）机械结构

机械结构如图 7-2 所示。

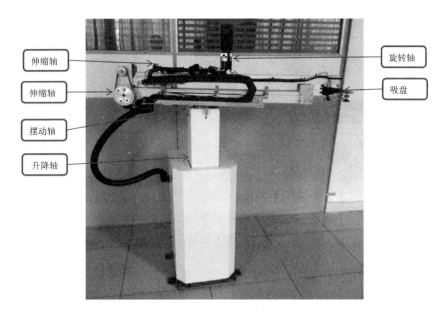

图 7-2 机械结构

机械手由升降轴、摆动轴、伸缩轴、旋转轴和抓料真空吸盘或抓取料手组成：

①升降轴用于机械手抓取位置高度的调整，行程为 0 ~ 250mm，由台达 750W 伺服电机驱动和三个电容式感应组成；

②摆动轴用于机械手抓取位置角度的调整，行程为 0 ~ 230 度，由台达 400W 伺服电机驱动和三个电容式感应组成；

③伸缩轴用于机械手抓取位置距离的调整，行程为 0 ~ 1000mm，由台达 400W 伺服电机驱动和三个电容式感应组成；

④旋转轴用于机械手抓取位置角度的微调，行程为 0 ~ 360 度，由台达 400W 伺服电机驱动和三个电容式感应组成；

⑤抓料吸盘或抓料手分别由电磁阀、真空发生器、真空吸盘和真空压力开关组成。

（二）气路

气路如图 7-3 所示。

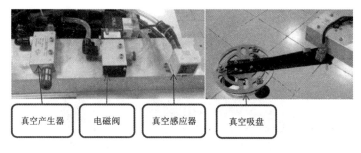

图 7-3　气路

①真空产生器：用于产生真空元件器。

②电磁阀：用于控制真空元件器压缩气体的通断。

③真空感应器：用于检测真空吸盘吸取物体时形成的真空度。

④真空吸盘：用于吸取物体，与物体形成表面真空的装置。

（三）真空压力开关

真空压力开关如图 7-4 所示。

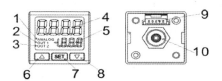

1—模拟输出指示灯；

2—第一组数字开关信号输出指示灯；

3—第二组数字开关信号输出指示灯；

4—压力值显示 / 参数值内容显示；

5—设定值 / 设定项目显示；

6—向上调整键；

7—设定调整键；

8—向下调整键；

9—电源和输出信号端子；

10—压力输入气孔

图 7-4　真空压力开关

五、机器电箱简介

（一）机器电箱

机器电箱外部如图 7-5 所示。

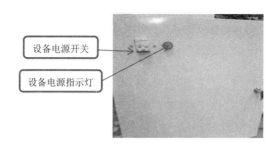

图 7-5 机器电箱外部

①设备电源开关：控制设备电源的接通及断开；

②设备电源指示灯：即时显示设备是否通电。

机器电箱内部如图 7-6 所示。

图 7-6 机器电箱内部

①滤波器：对电源线中特定频点以外的频率进行有效滤除，得到一个特定频率的电源信号，或消除一个特定频率后的电源信号。

②开关电源：为设备提供 DC24V 电源，供所有传感器用电。

③可编程控制器：用于编写、存储和运行程序，是设备的运行系统。

④回生电阻：用于系统伺服驱动器内部放电。

⑤伺服驱动器：用于控制驱动伺服电机。

（二）联机线

联机线如图 7-7 所示。

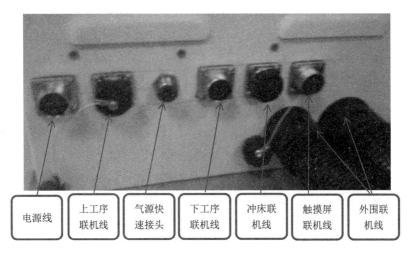

图 7-7　联机线

①电源线：供设备电源 AC220V。

②上工序联机线：与上工序设备进行信息交换。

③气源快速接头：供设备压缩气体。

④下工序联机线：与直工序设备进行信息交换。

⑤冲床联机线：与冲床设备进行信息交换联线。

⑥触摸屏联机线：与触摸屏操作面的信息联线。

⑦外围联机线：电箱与外围所有执行元件联线，如图 7-8 所示。

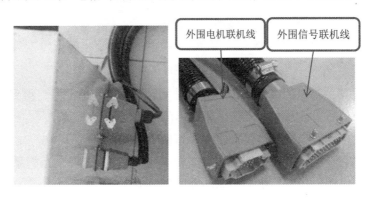

图 7-8　外围联机线

a. 外围电机联线：伺服电机电源线 U、V、W。注意：在通电状态下不能拆卸，以免成短路或触电事件。

b. 外围信号联线：伺服电机编码线及相应检测传感器联线。注意：在通电状态下不能拆卸，以免造成传感器烧坏。

第二节　案例：工业四轴冲压机械手实验

一、实验目的

①工业机器人系统认知。

②工业机器人机械认知。

③控制系统装配与调试。

④控制系统故障检测与维护。

⑤工业机器人示教编程与生产运用。

⑥生产线安装与调试。

⑦生产线故障检测与维护。

⑧机器人端拾器设计与运用。

二、实验设备

工业四轴冲压机械手模拟生产线一条，如图 7-9 所示。

图 7-9　工业四轴冲压机械手模拟生产线

三、实验原理

工业四轴冲压机械手。

四、实验内容和步骤

①依次给三台控制柜、上料台上电，按下运行，再按一次运行准备工作，如图 7-10 所示。

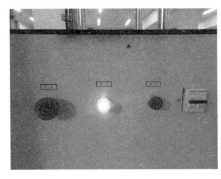

图7-10 做好准备工作

②打开触摸屏，进入登录界面（见图7-11），用户名为0002，密码为111111，进入主页面，如图7-12所示。

图7-11 登录界面　　　　　　　　　图7-12 主页面

③联机测试：

a. 单击【菜单】→联机测试；

b. 依次打开其他两台触摸屏上的【联机测试】→【系统启动】（注意：由于第三台设备没有后序工序，所以应在联机测试界面"强制接通下工位取料完成信号"），如图7-13所示；

图7-13 测试模式界面

c.联机测试开始。

④示教编程：

a.单击【菜单】→示教编程→拖动示教，如图7-14所示；

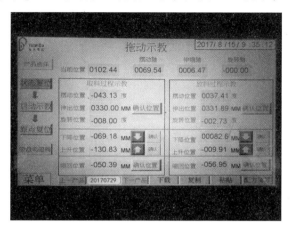

图7-14　拖动示教界面

b.依次单击【状态复位】→【启动示教】→【原点复位】；

c.为机械臂示教位置→调整示教点→确认，如图7-15～图7-17所示；

图7-15　操作人员为机械臂示教位置

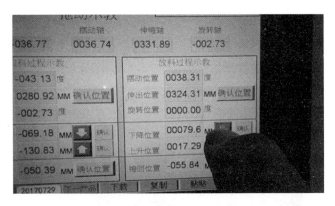

图 7-16　调整机械臂的示教点

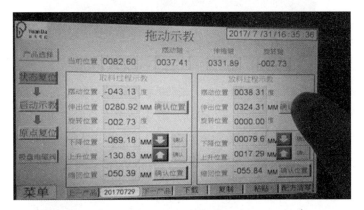

图 7-17　确认参数设置

d. 再现。

⑤下载：通过触摸屏下载到 PLC 中，如图 7-18 所示。

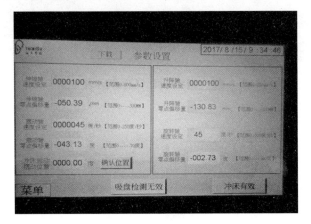

图 7-18　下载参数设置

⑥单机运行。

⑦同样的方法，单机运行另外两台。

⑧多机联动测试。

五、常见故障及排故措施

①吸气阀不动作：电路线路接错了，按电路原理图用万用表等工具重新检查接线，直至查出故障的部位。

②伸缩轴伺服异常：故障原因是伸缩轴电磁开关无法检测到左限位、原点、右限位信号，导致无法控制伸缩轴运动极限位置，最终致使超程报警。

第三节　拖动示教

一、登录界面

设备上电开机后，触摸屏进入登录界面如图 7-19 所示。

图 7-19　登录界面

输入用户编号及用户密码，如图 7-20 所示；

图 7-20　密码输入界面

触摸屏有两个用户及相应密码分别如下：

A：用户编号为 0002 用户密码为 111111，该用户只能操作不能修改参数；

B：用户编号为 0003 用户密码为 546243，该用户具有修改参数及操作功能。

二、{主页面}界面

{主页面}界面如图 7-2 所示。

图 7-21　{主页面}

各参数的意义如下。

①启动：当在自动模式下，单击【启动】按钮机械手会自动初始化，并进入自动工作状态，如图 7-21 所示。

②暂停：当机械手在自动工作状态中，单击【暂停】按钮设备将进入暂停工作状态；再次点击此按钮可以解除暂停状态。

③停止：单击【停止】按钮设备将立即停止工作。

④复位：单击【复位】按钮，设备将自动进行初始化各轴。

⑤模式选择按钮：可以进行"停止状态"和"自动模式"模式选择。

⑥产量清零：单击【产量清零】按钮可以清除当前产品的产量数值。

⑦当前位置：记录着各轴的当前位置（参考点为电气零点）。

⑧当前速度：记录着各轴的当前线速度。

⑨当前状态：记录着各轴的当前状态，如当前轴是否报警等信息。

三、{菜单}界面

单击【菜单】将进入{菜单}界面，如图 7-22 所示。

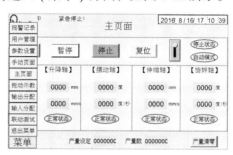

图 7-22　{菜单}界面

各参数的意义如下。

①报警记录：单击【报警记录】按钮将进入{报警记录}界面，该界面将详尽记录设备运行报警信息。

②用户管理：单击【用户管理】按钮将进入{用户管理}界面，在该界面下可以修改用户密码。

③参数设置：单击【参数设置】按钮将进入{参数设置}界面，在该界面里可以修改各轴线速度及初始等待位置。

④手动页面：单击【手动页面】按钮将进入{手动}界面，在该页面里可以手动操作各轴如点动、回原等。

⑤主页面：单击【主页面】按钮将进入{主页面}界面，在该页面可以进行模式切换、启动设备、暂停设备、停止设备等功能操作。

⑥拖动示教：单击【拖动示教】按钮将进入{拖动示教}界面，在该页面里可以进行取料点和放料点的各轴参数设定。

⑦输出分配：单击【输出分配】按钮，可以进入{输出分配}界面，在该页面可以查询各输出点的输出状态，并在手动模式下还可以进行输出操作。

⑧输入分配：单击【输入分配】按钮可以进入{输入分配}界面，在该页面可以查询各输入点的输入信息和输入状态。

⑨联动测试：单击【联动测试】按钮可以进入{联动测试}界面，在该页

面可以检测设备单机动作或站点式工作状态。

⑩退出菜单：单击"退出菜单"按钮，可以退击{菜单}界面。

四、{报警记录}界面

在{菜单}界面单击【报警记录】按钮可以进入{报警记录}界面，在界面里可以查询当天的所有报警信息记录（见图7-23），在"项目选择"框里可以查看前六天的报警信息。

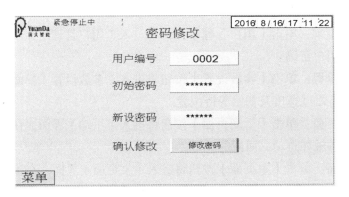

图7-23　报警记录

五、{用户管理}界面

图7-24　{用户管理}界面

在{用户管理}界面可以进行用户编号3密码修改，在"用户编号"输入0003和初始密码，再输入新设密码后，再单击【修改密码】按钮完成修改密码操作，如图7-24所示。注意：输入的初始密码错误，将无法修改密码。

六、{参数设置}界面

在{菜单}界面下单击【参数设置】按钮会弹出如图7-25所示对话框。

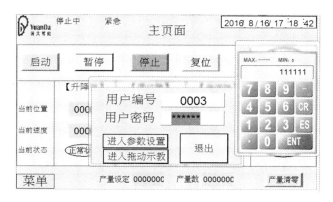

图 7-25　｛参数设置｝界面的登录对话框

在对话框里输入用户编号 0003 及用户密码 546243，单击【进入参数设置】按钮将进入 ｛参数设置｝ 界面，如图 7-26 所示。

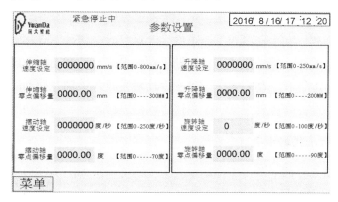

图 7-26　｛参数设置｝界面

各参数的意义如下。

①伸缩轴速度设定：对伸缩轴进行线速度设置，范围为 0 ～ 1000mm/s。

②伸缩零点偏移量：相对于电气原点（该轴零点）偏移的距离。

③摆动轴速度设定：对摆动轴进行角速度设置，范围为 0 ～ 250 度 / 秒。

④摆动轴零点偏移量：指相对于电气原点偏移的角度。范围为 0 ～ 70 度。

同理升降轴速度设定和旋转轴速度设定都是对相应的轴进行速度设定，零点偏移量是对相应的各轴进行零点偏移值设定。

七、｛手动页面｝界面

在 ｛手动页面｝ 界面可以对各轴进行手动操作，如图 7-27 所示。

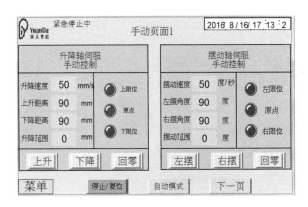

图 7-27　{手动页面}界面

各参数的意义如下：

①升降速度：在手动模式下，该轴手动触发时，轴移动的线速度。

②上升距离：在手动模式下，单次手动触发时，该轴上升移动的距离。

③下降距离：在手动模式下，单次手动触发时，该轴下降移动的距离。

④摆动速度：在手动模式下，该轴手动触发时，轴摆动的角速度。

⑤左摆角度：在手动模式下，单次手动触发时，该轴左摆动的角度。

⑥右摆角度：在手动模式下，单次手动触发时，该轴右摆动的角度。

八、拖动示教界面

在 {菜单} 界面下单击【拖动示教】按钮将弹出如图 7-28 所示对话框，在对话框输入用户编号 0003 和用户密码 546243，单击【进入拖动示教】按钮就可以进入 {拖动示教} 界面，如图 7-29 所示。

图 7-28　{拖动示教}界面的登录对话框

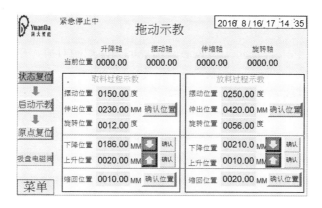

图 7-29　{拖动示教}界面

各参数的意义如下。

①状态复位：单击【状态复位】按钮，复位各轴及相应的执行元件。

②启动示教：单击【启动示教】按钮，进入示教模式。

③原点复位：单击【原点复位】按钮，各轴开始回原点，设备进行初始化。

④当前位置：显示各轴当前所在的位置。

⑤　：单击相应按钮，可以手动操作升降轴上下移动。

⑥确认位置：单击【确认位置】按钮，将各轴当前位置保存到各轴相应的位置。

启动示教是本节重点，涉及取料和放料位置的设置及设备搬运流程。在设置取料和放料位置时，要先对设备进行初始化。操作流程如下。

①取料过程示教：在示教模式下，各轴初始化完成，人力把摆动轴、伸缩轴、旋转轴调节到取料位置，同时使用　和　调节升降轴的高度，调节好取料位置后单击【确认位置】可以将当前摆动轴、伸缩轴和旋转轴即时位置保存到取料位中相应各轴，同时把下降位置保存到触摸屏中，再单击　调节升降轴高度，以保证机械手能安全抓取料产品，并将此高度保存到上升位置触摸屏里。

②放料过程示教：在示教模式下，取料位置调试完成后，通过人力把摆动轴、伸缩轴、旋转轴调节到放料位置，同时使用　和　调节升降轴的高度，调节好放料位置后单击【确认位置】按钮将摆动轴、伸缩轴和旋转轴即时位置保存到放料位中相应各轴，同时把下降位置保存到触摸屏中，再单击　调节升降轴高度，以保证机械手能安全抓取料产品，并将此高度保存到上升位置触摸屏里。

九、{输出分配}界面

在{输出分配}界面可以查询各输出点的具体控制对象，并在手动模式下，可以手动操作每一个输出点的执行元件，如图7-30所示。

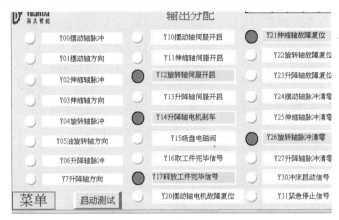

图7-30　{输出分配}界面

十、{输入分配}界面

在{输入分配}界面可以查询各输入点的具体信息，方便维修查询输入点是否有相应的输入信息，如图7-31所示。

图7-31　{输入分配}界面

十一、联动测试

在{测试模式}界面下有两种测试模式，如图7-32所示。

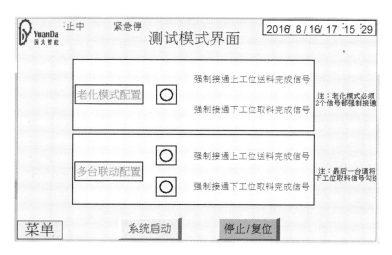

图 7-32　联动测试

各参数的意义如下。

①老化模式配置：设备单机运行测试，选中此模式将同时强制接通上工位送料完成信号和下工位取料完成信号；

②多台联运配置：多台设备同时运行，多台设备协作完成多工位工件搬运工作；强制接通上工位送料完成信号指屏蔽了上工位的设备准备信号，本机台不考虑上工位机台的处理信号，直接按照自身条件来处理信息完成动作。强制接通下工位取料完成信号指屏蔽了下工位设备准备信号，本机台将不考虑下工位机台是否准备完成，直接按照自身条件处理信息完成动作。

联动测试的操作流程如下。

当选择模式后，单击【停止／复位】按钮后，设备复位错误信息，再次单击【系统启动】按钮设备开始初始化。

第八章　维修保养及安全操作规范

第一节　维修保养

一、周期性保养

①每日对设备表面用碎布进行清洁，保持设备表面干净无污渍；

②每日工作完成后，必须将各机械臂回归到零位，并切断电源和气源（限培训指定操作员）；

③每日开机工作前，必须对机器进行电源和气源的检查，正常后开机（限培训指定操作员）。

二、机器的润滑

半年对丝杆、导轨进行清洁，用螺丝刀拆下机械手防尘盖板，用净化布对丝杆和导轨表面进行清洁，清洁完后再均匀涂上一层 AFA 润滑脂。

三、异常故障处理

表 8-1　故障现象及解决方法表

序号	故障现象	解决方法
1	系统不能归零	急停键是否按下
		零点传感器是否有输入
		伺服驱动器是否报警
2	触摸屏上显示通信错误	请检查触摸屏联机系是否插好
		请检查触摸屏通信插头 DB9 是否有松动

续表

序号	故障现象		解决方法
3	真空吸不能吸取产品		请检查气源压力是否≥ 6MPa
			请检查真空吸盘是否有磨损
			请检查真空产生器是否有异物
			请检查真空感应器参数是否设置好
4	伺服驱动器	AL001：过电流	检查电机与驱动器接线状态或导线本体是否短路
			检查电机连接至驱动器的接线顺序
		AL006：过负荷	检查 U、V、W 及位置检出器接线
		AL009：位置控制误差过大	确认最大位置误差参数 P2-35 值（位置控制误差过大警告条件）
		AL011：位置检出器异常	检查编码器线两端接头是否有松动
			检查编号器是否异常

第二节　安全操作规范

一、安全规范

（一）一般安全规范

①认识本设备。仔细阅读操作手册，熟悉机器的应用与限制，以及与机器相关的潜在性危险。

②工作区域环境。保持工作区干净，杂乱的区域以及工作台会引起意外。勿在危险的环境使用，设备工作环境要求：温度要求在 20 ～ 40℃，湿度要求在 60% 以下。

③勿强行操作机器。让机器在其设计速度下安全运转工作。

④使用正确的工具。勿强行使机器或附加装置执行工作。

⑤非专业人员勿靠近。所有参观者在工作区域内必须保持安全的距离。

⑥穿着适当的衣服。避免佩带可能被移动部分卷入的宽松衣物、手套、项链、手镯或首饰。建议穿着防滑鞋，戴上包住长头发的发帽。

⑦勿在工作状态保养机器。机器应进行适当之保养，如润滑、调整。

⑧维修、更换配件之前，必须从电源处切断机器的电源。

⑨保持防护装置在原来位置并时刻有效。

⑩当机器工作时不要进行清理工作。

⑪不可以移动更改警告标示并且及时更换模糊的标示。

⑫请绝对不要在易于被溅到水的地方、腐蚀气体的环境、易燃气体的环境及可燃物旁使用。

（二）电气安全规范

①请绝对不要用手触及主电路内部，否则有可能触电。

②机器本体需要与地有良好接触，否则有可能导致触电。

③请勿切断电源 5 分钟后进行配线和检查，否则有可能导致触电。

④请不要损伤电缆线、或对电缆线施加不必要的应力压载重物、夹挤，否则有可能导致故障、破损和触电。

⑤在通电过程及切断电源后的一段时间内，主电路部分的某些原件有可能处于高温状态，故请不要触摸，否则有可能烫伤。

⑥请在外部设置紧急停止电路，以便能随时停止运行，切断电源，否则有可能发生火灾、故障、烫伤和受伤。

（三）机械安全规范

①运行过程中，请不要触摸伺服电机的旋转部分，否则有可能受伤。

②搬运时，请不要手持电缆线、电机轴，否则设备易损坏或发生故障，人员易受伤。

③过度调整和变更都会导致运转不稳定，请不要随意进行。

④发生报警时，请排除原因，确保安全后，将报警复位后再运行，否则有可能受伤。

⑤请不要让非专业技术人员拆卸设备。

⑥维修人员进行设备维修时，必须进行人身安全保护。

⑦员工操作时必须日检机器人系统和安全防护空间，在确保不存在产生危险的外界条件时方可开机，在开机前首先检验电源线、气管连接、气压状况是否完好。

⑧在试运行和功能测试期间，安全防护装置生效前，不允许任何非相关人员进入安全防护空间。

⑨机器人或机器人系统在试运行和测试时应遵照产品说明书进行。

二、安全操作规程

①穿戴和使用规定的工作服、安全鞋、安全帽、保护用具等。

②工业机器人周围区域必须清洁，无油、水及杂质等。装卸工件前，先将机械手运动至安全位置，严禁装卸工件过程中操作工业机器人。

③不要戴着手套操作示教器，如需要手动控制机器人时，应确保机器人动作范围内无任何人员或障碍物，将速度由慢到快逐渐调整，避免速度突变造成伤害或损失。

④未经许可不能擅自进入机器人工作区域，机器人处于再现模式时，严禁进入机器人本体动作范围内。

⑤机器人钥匙必须保管好，严禁非授权人员使用机器人。

⑥禁止用力摇晃机器人及在机器人上悬挂重物。

⑦禁止倚靠控制箱，防止不小心碰到开关或按钮。

⑧示教作业前，需仔细确认示教器的安全保护装置是否能够正确工作，如【紧急停止】按钮。

⑨调试人员进入机器人工作区域时，需随身携带示教器，以防他人误操作。

⑩执行程序前，应确保：工业机器人工作区内不得有无关的人员、工具、物品，工件夹紧可靠并确认。

⑪机器人动作速度较快，存在危险性，操作人员应负责维护工作站正常运转秩序，严禁非工作人员进入工作区域。

⑫机器人运行过程中，严禁操作者离开现场，以确保意外情况的及时处理。

⑬机器人工作时，操作人员应注意查看手爪夹装工件状况，防止突然掉落。

⑭线缆不能严重绕曲成麻花状或与硬物摩擦，以防内部线芯折断或裸露。示教器和线缆不能放置在变位机上，应随手携带或挂在操作位置。

⑮当机器人停止工作时，不要认为其已经完成工作了，因为机器人很可能是在等待让它继续移动的输入信号。

⑯因故离开设备工作区域前应按下急停开关，避免突然断电或者关机零位丢失，并将示教器放置在安全位置。

⑰中断示教时，为了确保安全，应按下【紧急停止】按钮。

⑱当察觉到有危险时，应立即按下【紧急停止】按钮，停止机器人运转。

⑲工作结束时，应使机械手置于零点位置或安全位置。为了确保安全，要养成按下【紧急停止】按钮切断机器人伺服电源后再断开电源设备开关的习惯。

⑳严禁在控制柜内随便放置配件、工具、杂物等，以免影响到部分线路，

造成设备的异常。

㉑随时确认机器人运行是否正常，如出现异常情况未能排除或发现原因，请立即联系。

㉒操作机器人前，按下 GR-C 控制柜前门及示教盒上的急停键，并确认电机电源被切断。伺服电源切断后，示教盒上表示伺服通的灯熄灭。

㉓解除急停后再接通电机电源时，要解除造成急停的事故后再接通电机电源。

㉔由于误操作造成的机器人动作，可能引发人身伤害事故。

㉕进行以下作业时，请确认机器人的动作范围内没人，并且操作者处于安全位置：

——机器人接通电源时；

——用示教盒操作机器人时；

——试运行时；

——自动再现时。

㉖在机器人动作范围内示教时，请遵守以下事项：

——保持从正面观看机器人；

——遵守操作步骤；

——降低运动速率；

——考虑机器人失控的应急方案。

㉗不慎进入机器人动作范围内或与机器人发生接触，都有可能引发人身伤害事故。另外，发生异常时，请立即按下急停键（如示教盒急停未能终止异常则务必按下 GR-C 控制柜急停或切断控制柜电源）。

㉘机器人再现程序选择错误，执行移动方向错误，坐标系变更等改变机器人运行参数的数据将有可能导致人员受伤或设备损坏。

㉙进行机器人示教作业前要检查以下事项，有异常则应及时修理或采取其他必要措施：

——机器人动作有无异常；

——外部电线遮盖物及外包装有无破损。

㉚请勿随意放置机器人示教盒，用完后应放回控制柜挂钩处。

附　表

表 1　视觉 CCD 搬运程序例程

程序	注释	步骤
MAIN；		
SET R0，0；	将 R0 清零	初始化
SET R1，0；	将 R1 清零	
SET R2，0；	将 R2 清零	
SETE PX10（0），0；	将平移量 PX10 清零	
SETE PX11（0），0；	将平移量 PX11 清零	
SETE PX12（0），0；	将平移量 PX12 清零	
MOVJ P0，V20，Z0；	移动到示教点 P0	
DOUT OT8，OFF；	手爪气缸夹紧关闭	
DOUT OT9，ON；	手爪气缸松开打开	
DELAY T0.5；	延时 0.5 秒	
SET R10，1；	将 R10 赋值为 1	
LAB10：	标签 10	抓取模块 A
MOVJ P3，V20，Z0，E1，EV50；	移动到安全点外部轴回初位	
MOVJ P9，V20，Z0；	移动到示教点 P9	
MOVL P10，V100，Z0；	移动到示教点 P10	
DOUT OT9，OFF；	手爪气缸夹紧失电	
DOUT OT8，ON；	手爪气缸松开得电	
DELAY T0.5；	延时 0.5 秒	
MOVL P9，V100，Z0；	回到安全位	

程序	注释	步骤
MOVL P11，V100，Z0；	移动到传送带待放料点	把模块A放入传送带中
MOVL P12，V100，Z0；	移动到P12点放料	
DOUT OT8，OFF；	手爪气缸松开失电	
DOUT OT9，ON；	手爪气缸夹紧得电	
DELAY T0.5；	延时0.5秒	
MOVJ P13，V20，Z0；	移动示教点P13	
JUMP LAB0；	跳转到LAB0	
LAB11：		标签11
MOVJ P4，V20，Z0，E1，EV50；	移动到安全点外部轴回初位	抓取模块B
MOVJ P9，V20，Z0；	移动到示教点P9	
MOVL P10，V100，Z0；	移动到示教点P10	
DOUT OT9，OFF；	手爪气缸夹紧失电	
DOUT OT8，ON；	手爪气缸松开得电	
DELAY T0.5；	延时0.5秒	
MOVL P9，V100，Z0；	回到安全位	把模块B放入传送带中
MOVL P11，V100，Z0；	移动到传送带待放料点	
MOVL P12，V100，Z0；	移动到P12点放料	
DOUT OT8，OFF；	手爪气缸松开失电	
DOUT OT9，ON；	手爪气缸夹紧得电	
DELAY T0.5；	延时0.5秒	
MOVJ P13，V20，Z0；	移动示教点P13	
JUMP LAB0；	跳转到LAB0	
LAB12：		标签12
MOVJ P5，V20，Z0，E1，EV50；	移动到安全点外部轴回初位	抓取模块C
MOVJ P9，V20，Z0；	移动到示教点P9	
MOVL P10，V100，Z0；	移动到示教点P10	
DOUT OT9，OFF；	手爪气缸夹紧失电	
DOUT OT8，ON；	手爪气缸松开得电	
DELAY T0.5；	延时0.5秒	

程序	注释	步骤
MOVL P9 , V100 , Z0 ;	回到安全位	把模块 C 放入传送带中
MOVL P11 , V100 , Z0 ;	移动到传送带待放料点	
MOVL P12 , V100 , Z0 ;	移动到 P12 点放料	
DOUT OT8 , OFF ;	手爪气缸松开失电	
DOUT OT9 , ON ;	手爪气缸夹紧得电	
DELAY T0.5 ;	延时 0.5 秒	
MOVJ P13 , V20 , Z0 ;	移动示教点 P13	
JUMP LAB0;	跳转到 LAB0	
LAB13 :		标签 13
MOVJ P6 , V20 , Z0 , E1 , EV50 ;	移动到安全点外部轴回初位	抓取模块 A1
MOVJ P9 , V20 , Z0 ;	移动到示教点 P9	
MOVL P10 , V100 , Z0 ;	移动到示教点 P10	
DOUT OT9 , OFF ;	手爪气缸夹紧失电	
DOUT OT8 , ON ;	手爪气缸松开得电	
DELAY T0.5 ;	延时 0.5 秒	
MOVL P9 , V100 , Z0 ;	回到安全位	把模块 A1 放入传送带中
MOVL P11 , V100 , Z0 ;	移动到传送带待放料点	
MOVL P12 , V100 , Z0 ;	移动到 P12 点放料	
DOUT OT8 , OFF ;	手爪气缸松开失电	
DOUT OT9 , ON ;	手爪气缸夹紧得电	
DELAY T0.5 ;	延时 0.5 秒	
MOVJ P13 , V20 , Z0 ;	移动示教点 P13	
JUMP LAB0;	跳转到 LAB0	
LAB14 :		标签 14
MOVJ P7 , V20 , Z0 , E1 , EV50 ;	移动到安全点外部轴回初位	抓取模块 B1
MOVJ P9 , V20 , Z0 ;	移动到示教点 P9	
MOVL P10 , V100 , Z0 ;	移动到示教点 P10	
DOUT OT9 , OFF ;	手爪气缸夹紧失电	
DOUT OT8 , ON ;	手爪气缸松开得电	
DELAY T0.5 ;	延时 0.5 秒	

续表

程序	注释	步骤
MOVL P9 , V100 , Z0 ;	回到安全位	把模块 B1 放入传送带中
MOVL P11 , V100 , Z0 ;	移动到传送带待放料点	
MOVL P12 , V100 , Z0 ;	移动到 P12 点放料	
DOUT OT8 , OFF ;	手爪气缸松开失电	
DOUT OT9 , ON ;	手爪气缸夹紧得电	
DELAY T0.5 ;	延时 0.5 秒	
MOVJ P13 , V20 , Z0 ;	移动示教点 P13	
JUMP LAB0;	跳转到 LAB0	
LAB15 :		标签 15
MOVJ P8 , V20 , Z0 , E1 , EV50 ;	移动到安全点外部轴回初位	抓取模块 C1
MOVJ P9 , V20 , Z0 ;	移动到示教点 P9	
MOVL P10 , V100 , Z0 ;	移动到示教点 P10	
DOUT OT9 , OFF ;	手爪气缸夹紧失电	
DOUT OT8 , ON ;	手爪气缸松开得电	
DELAY T0.5 ;	延时 0.5 秒	
MOVL P9 , V100 , Z0 ;	回到安全位	把模块 C1 放入传送带中
MOVL P11 , V100 , Z0 ;	移动到传送带待放料点	
MOVL P12 , V100 , Z0 ;	移动到 P12 点放料	
DOUT OT8 , OFF ;	手爪气缸松开失电	
DOUT OT9 , ON ;	手爪气缸夹紧得电	
DELAY T0.5 ;	延时 0.5 秒	
MOVJ P13 , V20 , Z0 ;	移动示教点 P13	
LAB0:		标签 0
GETVISION2 VR0, LAB0 ;	读取视觉发送的数据至 VR0 中	视觉数据处理过程
GETV PX0, VR0, FOUNDPOS;	将 VR0 变量中的数据传至 PX0 变量中	
GETV I0 , VR0 , TYPE;	将 VR0 中类型数值发送至 I0 变量中	
JUMP LAB0 , IF I0 < 0 ;	对 I0 变量中的值进行判断跳转	
SETCOOR VUSER0, PX0;	将 PX0 变量中的数据发送至虚拟用户坐标 0 号	

程序	注释	步骤
COORCHGON USER1 , VUSER0 ;	用户平移指令开始	机器人从传送带抓取模块
MOVL P1 , V100 , Z0 ;	抓取示教点上方	
MOVL P2 , V100 , Z0 ;	抓取示教点	
DOUT OT9 , OFF ;	手爪气缸夹紧失电	
DOUT OT8 , ON ;	手爪气缸松开得电	
DELAY T0.5 ;	延时 0.5 秒	
MOVL P1 , V100 , Z0 ;	抓取好回到安全点	
COORCHGOFF;	用户平移指令结束	
MOVJ P14 , V20 , Z0 ;	移动示教点 P14	
LAB1 :		标签 1
JUMP LAB2 , IF I0 == 1 ;	如果 I0=1 时跳转到 LAB2 模块 A	判断跳转
JUMP LAB3 , IF I0 == 2 ;	如果 I0=2 时跳转到 LAB3 模块 B	
JUMP LAB4 , IF I0 == 3 ;	如果 I0=3 时跳转到 LAB4 模块 C	
LAB2 :		标签 2
SHIFTON PX10 ;	平移开始，并指定平移量 PX10	将模块 A 放入码垛面板
MOVJ P15 , V20 , Z0 ;	移动放料安全点 P15	
MOVL P16 , V100 , Z0 ;	移动放料点 P16	
DOUT OT8 , OFF ;	手爪气缸松开失电	
DOUT OT9 , ON ;	手爪气缸夹紧得电	
DELAY T0.5 ;	延时 0.5 秒	
MOVL P15 , V100 , Z0 ;	移动放料安全点 P15	
SHIFTOFF;	平移指令结束	
ADD PX10 , PX15 ;	PX15 为平移量	
INC R0;	工件数 R0 加 1	
JUMP LAB11 , IF R0 < 2 ;	如果工件数 R0 小于 2，继续抓取	
JUMP LAB12 ;	跳转到 LAB12	
LAB3 :		标签 3

程序	注释	步骤
SHIFTON PX11 ；	平移开始，并指定平移量 PX11	
MOVJ P17 ， V20 ， Z0 ；	移动放料安全点 P17	
MOVL P18 ， V100 ， Z0 ；	移动放料点 P18	
DOUT OT8 ， OFF ；	手爪气缸松开失电	
DOUT OT9 ， ON ；	手爪气缸夹紧得电	
DELAY T0.5 ；	延时 0.5 秒	将模块 B
MOVL P17 ， V100 ， Z0 ；	移动放料安全点 P17	放入码垛
SHIFTOFF；	平移指令结束	面板
ADD PX11 ， PX15 ；	PX15 为平移量	
INC R1 ；	工件数 R1 加 1	
JUMP LAB13 ， IF R1 ＜ 2 ；	如果工件数 R1 小于 2，继续抓取	
JUMP LAB14 ；	跳转到 LAB14	
LAB4 ：		标签 4
SHIFTON PX12 ；	平移开始，并指定平移量 PX12	
MOVJ P19 ， V20 ， Z0 ；	移动放料安全点 P19	
MOVL P20 ， V100 ， Z0 ；	移动放料点 P20	
DOUT OT8 ， OFF ；	手爪气缸松开失电	
DOUT OT9 ， ON ；	手爪气缸夹紧得电	
DELAY T0.5 ；	延时 0.5 秒	将模块 C
MOVL P19 ， V100 ， Z0 ；	移动放料安全点 P19	放入码垛
SHIFTOFF；	平移指令结束	面板
ADD PX12 ， PX15 ；	PX15 为平移量	
INC R2 ；	工件数 R2 加 1	
JUMP LAB15 ， IF R2 ＜ 2 ；	如果工件数 R2 小于 2，继续抓取	
MOVJ P0 ， V20 ， Z0 ；	移动到安全点 P0	
DELAY T1 ；	延时 1 秒	
LAB20 ：		标签 20

程序	注释	步骤
MOVJ P21，V20，Z0；	移动至待料点 P21	
MOVL P22，V100，Z0；	移动至取料点 P22	
DOUT OT9，OFF；	手爪气缸夹紧失电	
DOUT OT8，ON；	手爪气缸松开得电	
DELAY T0.5；	延时 0.5 秒	
MOVL P21，V100，Z0；	移动到安全点 P21	将码垛面板模块 A 放入柔性转盘
MOVJ P8, V20, Z0，E1，EV50；	移动到示教点 P8，柔性转盘转至放料位	
MOVJ P9，V20，Z0；	移动到待放料点 P9	
MOVL P10，V100，Z0；	移动放料点 P10	
DOUT OT8，OFF；	手爪气缸松开失电	
DOUT OT9，ON；	手爪气缸夹紧得电	
DELAY T0.5；	延时 0.5 秒	
MOVL P9，V100，Z0；	移动到安全点 P9	
LAB21：		标签 21
MOVJ P19，V20，Z0；	移动至待料点 P19	
MOVL P20，V100，Z0；	移动至取料点 P20	
DOUT OT9，OFF；	手爪气缸夹紧失电	
DOUT OT8，ON；	手爪气缸松开得电	
DELAY T0.5；	延时 0.5 秒	
MOVL P19，V100，Z0；	移动到安全点 P19	将码垛面板模块 B 放入柔性转盘
MOVJ P7, V20, Z0，E1，EV50；	移动到示教点 P7，柔性转盘转至放料位	
MOVJ P9，V20，Z0；	移动到待放料点 P9	
MOVL P10，V100，Z0；	移动放料点 P10	
DOUT OT8，OFF；	手爪气缸松开失电	
DOUT OT9，ON；	手爪气缸夹紧得电	
DELAY T0.5；	延时 0.5 秒	
MOVL P9，V100，Z0；	移动到安全点 P9	
LAB22：		标签 22

程序	注释	步骤
MOVJ P23，V20，Z0；	移动至待料点 P23	
MOVL P24，V100，Z0；	移动至取料点 P24	
DOUT OT9，OFF；	手爪气缸夹紧失电	
DOUT OT8，ON；	手爪气缸松开得电	
DELAY T0.5；	延时 0.5 秒	
MOVL P23，V100，Z0；	移动到安全点 P23	将码垛面板模块 C 放入柔性转盘
MOVJ P6，V20，Z0，E1，EV50；	移动到示教点 P6，柔性转盘转至放料位	
MOVJ P9，V20，Z0；	移动到待放料点 P9	
MOVL P10，V100，Z0；	移动放料点 P10	
DOUT OT8，OFF；	手爪气缸松开失电	
DOUT OT9，ON；	手爪气缸夹紧得电	
DELAY T0.5；	延时 0.5 秒	
MOVL P9，V100，Z0；	移动到安全点 P9	
LAB23：		标签 23
MOVJ P17，V20，Z0；	移动至待料点 P17	
MOVL P18，V100，Z0；	移动至取料点 P18	
DOUT OT9，OFF；	手爪气缸夹紧失电	
DOUT OT8，ON；	手爪气缸松开得电	
DELAY T0.5；	延时 0.5 秒	
MOVL P17，V100，Z0；	移动到安全点 P17	将码垛面板模块 A 放入柔性转盘
MOVJ P5，V20，Z0，E1，EV50；	移动到示教点 P5，柔性转盘转至放料位	
MOVJ P9，V20，Z0；	移动到待放料点 P9	
MOVL P10，V100，Z0；	移动放料点 P10	
DOUT OT8，OFF；	手爪气缸松开失电	
DOUT OT9，ON；	手爪气缸夹紧得电	
DELAY T0.5；	延时 0.5 秒	
MOVL P9，V100，Z0；	移动到安全点 P9	
LAB24：		标签 24

程序	注释	步骤
MOVJ P25，V20，Z0；	移动至待料点 P25	将码垛面板模块 B 放入柔性转盘
MOVL P26，V100，Z0；	移动至取料点 P26	
DOUT OT9，OFF；	手爪气缸夹紧失电	
DOUT OT8，ON；	手爪气缸松开得电	
DELAY T0.5；	延时 0.5 秒	
MOVL P25，V100，Z0；	移动到安全点 P25	
MOVJ P4，V20，Z0，E1，EV50；	移动到示教点 P4，柔性转盘转至放料位	
MOVJ P9，V20，Z0；	移动到待放料点 P9	
MOVL P10，V100，Z0；	移动放料点 P10	
DOUT OT8，OFF；	手爪气缸松开失电	
DOUT OT9，ON；	手爪气缸夹紧得电	
DELAY T0.5；	延时 0.5 秒	
MOVL P9，V100，Z0；	移动到安全点 P9	
LAB25：		标签 25
MOVJ P15，V20，Z0；	移动至待料点 P15	将码垛面板模块 B 放入柔性转盘
MOVL P16，V100，Z0；	移动至取料点 P16	
DOUT OT9，OFF；	手爪气缸夹紧失电	
DOUT OT8，ON；	手爪气缸松开得电	
DELAY T0.5；	延时 0.5 秒	
MOVL P15，V100，Z0；	移动到安全点 P15	
MOVJ P3，V20，Z0，E1，EV50；	移动到示教点 P4，柔性转盘转至放料位	
MOVJ P9，V20，Z0；	移动到待放料点 P9	
MOVL P10，V100，Z0；	移动放料点 P10	
DOUT OT8，OFF；	手爪气缸松开失电	
DOUT OT9，ON；	手爪气缸夹紧得电	
DELAY T0.5；	延时 0.5 秒	
MOVL P9，V100，Z0；	移动到安全点 P9	
MOVJ P0，V20，Z0；	移动到示教点 P0	
END；		

表 2 工件组装程序例程

序号	程序	注释
1	MAIN；	
2	SET R0，0；	
3	SET R1，0；	将计数存储变量清零
4	LAB0：	将底盘抓取到转盘上
5	DOUT OT8，ON；	
6	DOUT OT9，OFF；	
7	DELAY T0.5；	将抓手处于闭合状态
8	MOVJ P0，V20，Z0，E1，EV50；	机器人、变位机回到原始位置
9	MOVJ P1，V20，Z0；	移动到抓取底盘上方
10	MOVL P2，V100，Z0；	移动到抓取底盘
11	DOUT OT8，OFF；	
12	DOUT OT9，ON；	
13	DELAY T0.5；	将抓手打开，抓取底盘
14	MOVL P1，V100，Z0；	移动到抓取底盘上方
15	MOVJ P3，V20，Z0；	移动到放置底盘上方
16	MOVL P4，V100，Z0；	移动到放置底盘
17	DOUT OT8，ON；	
18	DOUT OT9，OFF；	
19	DELAY T0.5；	将抓手处于闭合，松开底盘
20	MOVL P3，V100，Z0；	移动到放置工件上方
21	LAB1：	抓取面板
22	MOVJ P5，V20，Z0；	抓取面板上方
23	MOVL P6，V100，Z0；	抓取面板
24	DOUT OT8，OFF；	
25	DOUT OT9，ON；	
26	DELAY T0.5；	将抓手张开，抓取面板
27	MOVL P5，V100，Z0；	抓取面板上方
28	MOVJ P7，V20，Z0；	放置面板上方
29	MOVL P8，V100，Z0；	放置面板
30	DOUT OT8，ON；	

序号	程序	注释
31	DOUT OT9，OFF ；	
32	DELAY T0.5 ；	将抓手闭合，放置面板
33	MOVL P7，V100，Z0 ；	放置面板上方
34	DOUT OT8，OFF ；	
35	DOUT OT9，ON ；	
36	DELAY T0.5 ；	将抓手张开
37	LAB2 ：	抓取模拟螺钉1
38	MOVJ P9，V20，Z0 ；	抓取螺钉上方
39	MOVL P10，V100，Z0 ；	抓取螺钉
40	DOUT OT8，ON ；	
41	DOUT OT9，OFF ；	
42	DELAY T0.5 ；	将抓手闭合，抓取螺钉
43	MOVL P9，V100，Z0 ；	抓取螺钉上方
44	MOVJ P11，V20，Z0，E1，EV50 ；	机器人到过渡点，转盘转到放螺丝1位置
45	JUMP LAB10 ；	跳到放置螺钉程序
46	LAB3 ：	抓取模拟螺钉2
47	MOVJ P14，V20，Z0 ；	抓取螺钉上方
48	MOVL P15，V100，Z0 ；	抓取螺钉
49	DOUT OT8，ON ；	
50	DOUT OT9，OFF ；	
51	DELAY T0.5 ；	将抓手闭合，抓取螺钉
52	MOVL P14，V100，Z0 ；	抓取螺钉上方
53	MOVJ P16，V20，Z0，E1，EV50 ；	机器人到过渡点，转盘转到放螺丝2位置
54	JUMP LAB10 ；	跳到放置螺钉程序
55	LAB4 ：	抓取模拟螺钉3
56	MOVJ P17，V20，Z0 ；	抓取螺钉上方
57	MOVL P18，V100，Z0 ；	抓取螺钉
58	DOUT OT8，ON ；	
59	DOUT OT9，OFF ；	

序号	程序	注释
60	DELAY T0.5 ；	将抓手闭合，抓取螺钉
61	MOVL P17 ， V100 ， Z0 ；	抓取螺钉上方
62	MOVJ P19 ， V20 ， Z0 ， E1 ， EV50 ；	机器人到过渡点，转盘转到放螺丝 3 位置
63	JUMP LAB10 ；	跳到放置螺钉程序
64	LAB5 ：	抓取模拟螺钉 4
65	MOVJ P20 ， V20 ， Z0 ；	抓取螺钉上方
66	MOVL P21 ， V100 ， Z0 ；	抓取螺钉
67	DOUT OT8 ， ON ；	
68	DOUT OT9 ， OFF ；	
69	DELAY T0.5 ；	将抓手闭合，抓取螺钉
70	MOVL P20 ， V100 ， Z0 ；	抓取螺钉上方
71	MOVJ P22 ， V20 ， Z0 ， E1 ， EV50 ；	机器人到过渡点，转盘转到放螺丝 4 位置
72	JUMP LAB10 ；	跳到放置螺钉程序
73	LAB6 ：	抓取模拟螺钉 5
74	MOVJ P23 ， V20 ， Z0 ；	抓取螺钉上方
75	MOVL P24 ， V100 ， Z0 ；	抓取螺钉
76	DOUT OT8 ， ON ；	
77	DOUT OT9 ， OFF ；	
78	DELAY T0.5 ；	将抓手闭合，抓取螺钉
79	MOVL P23 ， V100 ， Z0 ；	抓取螺钉上方
80	MOVJ P25 ， V20 ， Z0 ， E1， EV50 ；	机器人到过渡点，转盘转到放螺丝 5 位置
81	JUMP LAB10 ；	跳到放置螺钉程序
82	LAB7 ：	抓取模拟螺钉 6
83	MOVJ P26 ， V20 ， Z0 ；	抓取螺钉上方
84	MOVL P27 ， V100 ， Z0 ；	抓取螺钉
85	DOUT OT8 ， ON ；	
86	DOUT OT9 ， OFF ；	
87	DELAY T0.5 ；	将抓手闭合，抓取螺钉

序号	程序	注释
88	MOVL P26，V100，Z0；	抓取螺钉上方
89	MOVJ P28，V20，Z0，E1，EV50；	机器人到过渡点，转盘转到放螺丝6位置
90	JUMP LAB10；	跳到放置螺钉程序
91	LAB10：	放置螺钉
92	MOVJ P29，V20，Z0；	放置螺钉接近点
93	MOVJ P13，V20，Z0；	放置螺钉上方
94	MOVL P12，V100，Z0；	放置螺钉
95	DOUT OT8，OFF；	
96	DOUT OT9，ON；	
97	DELAY T0.5；	将抓手张开，松开螺钉
98	MOVL P13，V100，Z0；	回到放置螺钉上方
99	INC R0；	抓取螺钉计数器
100	JUMP LAB2，IF R0 == 0；	抓取模拟螺钉1
101	JUMP LAB3，IF R0 == 1；	抓取模拟螺钉2
102	JUMP LAB4，IF R0 == 2；	抓取模拟螺钉3
103	JUMP LAB5，IF R0 == 3；	抓取模拟螺钉4
104	JUMP LAB6，IF R0 == 4；	抓取模拟螺钉5
105	JUMP LAB7，IF R0 == 5；	抓取模拟螺钉6
106	MOVJ P0，V20，Z0；	机器人回到原始位置
107	DELAY T2；	等待2秒
108	MOVJ P28，V20，Z0，E1，EV50；	变位机回到原始位置
109	LAB11：	将螺丝抓回原位
110	MOVJ P29，V20，Z0；	接近抓取螺钉上方
111	MOVJ P13，V20，Z0；	抓取螺钉上方
112	MOVL P12，V100，Z0；	抓取螺钉
113	DOUT OT8，ON；	
114	DOUT OT9，OFF；	
115	DELAY T0.5；	将抓手闭合，抓取螺钉
116	MOVL P13，V100，Z0；	抓取螺钉上方

序号	程序	注释
117	INC R1 ;	抓取螺钉计数器
118	JUMP LAB12，IF R1 == 1 ;	抓取模拟螺钉 1
119	JUMP LAB13，IF R1 == 2 ;	抓取模拟螺钉 2
120	JUMP LAB14，IF R1 == 3 ;	抓取模拟螺钉 3
121	JUMP LAB15，IF R1 == 4 ;	抓取模拟螺钉 4
122	JUMP LAB16，IF R1 == 5 ;	抓取模拟螺钉 5
123	JUMP LAB17，IF R1 == 6 ;	抓取模拟螺钉 6
124	LAB12 :	抓取模拟螺钉 1
125	MOVJ P26，V20，Z0 ;	抓取螺钉上方
126	MOVL P27，V100，Z0 ;	抓取螺钉
127	DOUT OT8，OFF ;	
128	DOUT OT9，ON ;	
129	DELAY T0.5 ;	将抓手闭合，抓取螺钉
130	MOVL P26，V100，Z0 ;	抓取螺钉上方
131	MOVJ P25，V20，Z0，E1，EV50 ;	机器人到过渡点，转盘转到放螺丝 1 位置
132	JUMP LAB11 ;	跳到放置螺钉程序
133	LAB13 :	抓取模拟螺钉 2
134	MOVJ P23，V20，Z0 ;	抓取螺钉上方
135	MOVL P24，V100，Z0 ;	抓取螺钉
136	DOUT OT8，OFF ;	
137	DOUT OT9，ON ;	
138	DELAY T0.5 ;	将抓手闭合，抓取螺钉
139	MOVL P23，V100，Z0 ;	抓取螺钉上方
140	MOVJ P22，V20，Z0，E1，EV50 ;	机器人到过渡点，转盘转到放螺丝 2 位置
141	JUMP LAB11 ;	跳到放置螺钉程序
142	LAB14 :	抓取模拟螺钉 3
143	MOVJ P20，V20，Z0 ;	抓取螺钉上方
144	MOVL P21，V100，Z0 ;	抓取螺钉
145	DOUT OT8，OFF ;	

序号	程序	注释
146	DOUT OT9，ON；	
147	DELAY T0.5；	将抓手闭合，抓取螺钉
148	MOVL P20，V100，Z0；	抓取螺钉上方
149	MOVJ P19，V20，Z0，E1，EV50；	机器人到过渡点，转盘转到放螺丝3位置
150	JUMP LAB11；	跳到放置螺钉程序
151	LAB15：	抓取模拟螺钉4
152	MOVJ P17，V20，Z0；	抓取螺钉上方
153	MOVL P18，V100，Z0；	抓取螺钉
154	DOUT OT8，OFF；	
155	DOUT OT9，ON；	
156	DELAY T0.5；	将抓手闭合，抓取螺钉
157	MOVL P17，V100，Z0；	抓取螺钉上方
158	MOVJ P16，V20，Z0，E1，EV50；	机器人到过渡点，转盘转到放螺丝4位置
159	JUMP LAB11；	跳到放置螺钉程序
160	LAB16：	抓取模拟螺钉5
161	MOVJ P14，V20，Z0；	抓取螺钉上方
162	MOVL P15，V100，Z0；	抓取螺钉
163	DOUT OT8，OFF；	
164	DOUT OT9，ON；	
165	DELAY T0.5；	将抓手闭合，抓取螺钉
166	MOVL P14，V100，Z0；	抓取螺钉上方
167	MOVJ P11，V20，Z0，E1，EV50；	机器人到过渡点，转盘转到放螺丝5位置
168	JUMP LAB11；	跳到放置螺钉程序
169	LAB17：	抓取模拟螺钉6
170	MOVJ P9，V20，Z0；	抓取螺钉上方
171	MOVL P10，V100，Z0；	抓取螺钉
172	DOUT OT8，OFF；	
173	DOUT OT9，ON；	

序号	程序	注释
174	DELAY T0.5 ;	将抓手闭合，抓取螺钉
175	MOVL P9 ， V100 ， Z0 ;	抓取螺钉上方
176	MOVJ P0 ， V20 ， Z0 ， E1 ， EV50 ;	机器人到过渡点，转盘转到放螺丝6位置
177	# JUMP LAB11 ;	跳到放置螺钉程序
178	LAB30 :	将面板抓取原位置
179	DOUT OT8 ， ON ;	
180	DOUT OT9 ， OFF ;	
181	DELAY T0.5 ;	将抓手处于闭合状态
182	MOVJ P7 ， V20 ， Z0 ;	抓取面板上方
183	MOVL P8 ， V100 ， Z0 ;	抓取面板
184	DOUT OT8 ， OFF ;	
185	DOUT OT9 ， ON ;	
186	DELAY T0.5 ;	将抓手张开，抓取面板
187	MOVL P7 ， V100 ， Z0 ;	抓取面板上方
188	MOVJ P5 ， V20 ， Z0 ;	放置面板上方
189	MOVL P6 ， V100 ， Z0 ;	放置面板
190	DOUT OT8 ， ON ;	
191	DOUT OT9 ， OFF ;	
192	DELAY T0.5 ;	将抓手闭合
193	MOVL P5 ， V100 ， Z0 ;	放置面板上方
194	LAB31 :	将底板抓回原位
195	MOVJ P3 ， V20 ， Z0 ;	抓底板上方
196	MOVL P4 ， V100 ， Z0 ;	抓底板
197	DOUT OT8 ， OFF ;	
198	DOUT OT9 ， ON ;	
199	DELAY T0.5 ;	将抓手张开，抓取底板
200	MOVL P3 ， V100 ， Z0 ;	抓取底板上方
201	MOVJ P1, V20, Z0;	放置底板上方
202	MOVL P2 ， V100 ， Z0;	放置底板

序号	程序	注释
203	DOUT OT8，ON；	
204	DOUT OT9，OFF；	
205	DELAY T0.5；	将抓手闭合
206	MOVL P1，V100，Z0；	放置底板上方
207	MOVJ P0，V20，Z0，E1，EV50；	机器人回到原始位置
208	END；	

参考文献

［1］饶显军. 工业机器人操作、编程及调试维护培训教程［M］. 北京：机械工业出版社，2016.

［2］刘明，张宏龙. 工业机器人应用与维护［M］. 上海：上海交通大学出版社，2016.